灾后社会心理支持核心信息卡

主　审　于　欣

主　编　马　弘

副主编　程文红

编　委　（按姓氏笔画排序）

　　　　马　宁　北京大学精神卫生研究所
　　　　马　弘　北京大学精神卫生研究所
　　　　王华丽　北京大学精神卫生研究所
　　　　王瑞儒　北京大学第三医院
　　　　仇剑崟　上海交通大学附属精神卫生中心
　　　　冯　杰　中华女子学院
　　　　刘　梦　中华女子学院
　　　　齐小玉　中华女子学院
　　　　牟晓洁　武汉大学人民医院
　　　　杨　萍　中国老年学学会老年心理专业委员会
　　　　肖亮亮　联合国人口基金驻华代表处
　　　　何　鸣　杭州市第七人民医院
　　　　胡艳红　中华女子学院
　　　　郭　伟　联合国人口基金驻华代表处
　　　　唐宏宇　北京大学精神卫生研究所
　　　　梁光明　沈阳市精神卫生中心
　　　　程文红　上海交通大学附属精神卫生中心（上海市精神卫生中心）
　　　　谢永标　广东省精神卫生研究所

北京大学医学出版社

ZAIHOU SHEHUI XINLI ZHICHI HEXIN XINXIKA

图书在版编目（CIP）数据

灾后社会心理支持核心信息卡 / 马弘主编 . —北京：
北京大学医学出版社，2013.4
ISBN 978-7-5659-0574-2

Ⅰ. ①灾… Ⅱ. ①马… Ⅲ. ①灾害－心理干预－手册
Ⅳ. ① B845.67-62 ② R749.055-62

中国版本图书馆 CIP 数据核字 (2013) 第 081536 号

灾后社会心理支持核心信息卡

主　　编：	马弘
出版发行：	北京大学医学出版社（电话：010-82802230）
地　　址：	(100191) 北京市海淀区学院路 38 号　北京大学医学部院内
网　　址：	http://www.pumpress.com.cn
E-mail：	booksale@bjmu.edu.cn
印　　刷：	北京圣彩虹制版印刷技术有限公司
经　　销：	新华书店
责任编辑：刘　燕	责任校对：金彤文　　责任印制：张京生
开　　本：	880mm×1230mm　1/16　　印张：2.25　　字数：63 千字
版　　次：	2013 年 4 月第 1 版　　2013 年 4 月第 1 次印刷
书　　号：	ISBN 978-7-5659-0574-2
定　　价：	18.00 元

版权所有，违者必究
（凡属质量问题请与本社发行部联系退换）

本书由
　　北京大学医学科学出版基金
　　　　　资助出版

编者的话

《灾后社会心理支持核心信息卡》的编写起源于2008年"5·12"汶川地震后卫生部－联合国人口基金（United Nations Population Fund, UNFPA）项目。以北京大学精神卫生研究所为主的灾后心理社会支持团队在汶川灾区执行项目2年。来自全国的全体队员在项目执行的2年中，亲历了从震后到重建的各个阶段，深感灾后最需要的是图文并茂、覆盖面广、针对性强的心理支持产品，于是队员们自主创意并编写了这本资料。在2008年四川汶川地震和2010年青海玉树地震后的心理社会支持工作中，编写团队反复听取各方受灾人群的意见和建议，十易其稿，使其尽量贴近实际需要。

2011年经北京大学医学部科学出版基金项目评审，本书被选为出版基金资助项目。在书稿进一步完善和编辑完成之际，我们最不愿意看见的灾难再一次发生了。

2013年4月20日雅安地震之后仅仅24小时，四川华西医院心理卫生中心向我们发来了希望帮助的信息。我们立即与北京大学医学出版社联系，启动了紧急印刷程序。

希望这本在灾难中诞生，又注定与灾难相伴的小册子能够多少帮助到灾区群众受伤的心灵，因为在这些图文背后，蕴含的是精神卫生工作者的支持和爱！

编委会

2013年4月21日

前　言

中国多灾。早在20世纪90年代，在重大群体性灾害后，卫生行政部门就开始有意识地派遣精神卫生专业人员赶赴灾区进行"心理救援"。但这些举动与2008年"5·12"汶川地震比起来，都近乎湮没。到目前仍然没有确切的统计数据告诉我们在地震发生后究竟有多少精神卫生人员（包括精神科医生、心理学家、受过培训和认证的心理咨询师以及心理卫生工作志愿者）前前后后到过受灾现场，以"心理救援、心理辅导、心理抚慰、心理支持、心理调查、心理咨询、心理重建"的名义做过多少活动。时间一久，当时的激情和雄心都烟消云散，而大批匆忙赶印的心理测查问卷、心理辅导手册、心理健康教材，没准儿正与其他尚未拆封的救灾物资一起静静地躺在某处的仓库里。

难得北京大学医学出版社慧眼识珠，从当年众多的救灾材料中挑出这一本正式出版。时隔4年，再次审视这本于汶川地震1年之后编纂出的册子，还是觉得其中有不少地方可圈可点。它的直接、精练、实用自不必说，单是从颜色的使用、文字的编排就可以看出作者们是多么希望给它的使用者带来一点儿镇定、一点儿关怀。在此我们也感谢联合国人口基金（UNFPA）和卫生部的灾后社会心理支持项目的支持，使这本册子能在项目执行的2年时间内不断得到应用和修改。

好的东西是能够经得起时间考验的。在这本小册子出版之际，我衷心地希望作者团队能够认真总结编写这本册子的成功经验：系统翻译国外同类读物，现场试用，针对不同对象做出修订，结合自己的研究提出观点，配合不同的灾情进行细化，使人类用生命换来的灾后心理复原经验能够得以传播，也希望我们的使用者能够在实践中不断给出修订的建议。虽然我不情愿地承认，这本册子的每次使用都会与灾难、伤害相连，但这就是灾后心理支持的本质：直面痛苦，治愈伤口。

北京大学精神卫生研究所　于　欣
2012年9月1日

目 录

中国卫生部－联合国人口基金汶川震后社会心理支持项目介绍 1

灾后助人者的自我保护 2

沟通技巧 4
    沟通技巧概述 4
    青少年沟通技巧 5
    妇女人群沟通技巧 6
    老年人群沟通技巧 7

常见心理问题的识别和处理 8
    失眠及睡眠管理 8
    失眠的治疗 8
    抑郁症 10
    创伤后应激障碍 12
    急、慢性精神病性障碍 14

心理辅导及干预技术 16
    心理急救和居丧障碍的处理 16
    灾区育龄妇女的心理保健 18
    老年人群的心理保护及支持性心理辅导 19
    青少年人群的心理保护 19

青少年安全性行为宣传 20

灾后性别暴力的预防 21

大众健康教育 22
    心肺复苏 22
    急性中毒 23

精神卫生宣传教育核心信息和知识 24

MOH-UNFPA
汶川震后社会心理支持项目
核心信息卡 –1
Psychosocial Support to
Wenchuan Earthquake
Survivors Project
Core Information Cards

中国卫生部 – 联合国人口基金
汶川震后社会心理支持项目介绍
An Introduction to China MOH/UNFPA's Psychosocial Support to Wenchuan Earthquake Survivors Project

 本信息卡供社区人员使用。基层卫生、妇联、老龄委、村级管理人员均可在培训后使用。

联合国人口基金的使命
The Mission of UNFPA

联合国人口基金（人口基金）作为一个国际发展机构，以促进妇女、男子和儿童人人享有健康生活和平等机会的权利为己任。联合国人口基金支持各国运用人口数据来制订政策和方案，以减轻贫困，让每一次怀孕都合乎意愿，每一次分娩都确保安全，每一位青年免受艾滋病病毒/艾滋病的侵害，每一个女孩和妇女都享有尊严并受人尊重。

人口基金——因为每一个人都很重要。

自从 1979 年以来，联合国人口基金一直与中国政府合作，共同处理人口、生殖健康及社会性别这三个领域中波及多个层面的问题。欢迎访问我们的网站：
http://www.unfpa.org

中国卫生部 - 联合国人口基金汶川震后社会心理支持项目于 2009 年 1 月正式启动，为期 1 年。本项目由芬兰政府资助，联合国人口基金管理，实施机构为卫生部/北京大学精神卫生研究所、中华全国妇女联合会（简称全国妇联）、全国老龄工作委员会办公室。

本项目在实施过程中，通过多次社区级培训和预试验，国家级专家团队开发了汶川震后社会心理支持核心信息卡。该信息卡的内容分为 7 个部分，涵盖了针对青少年、妇女和老年人群的沟通技巧、常见心理问题的识别和处理、心理辅导及干预技术、灾后大众健康教育、灾后助人者的自我保护、青少年安全性行为宣传和灾后性别暴力的预防。

核心信息卡的使用对象为接受过培训的社区级管理人员，如基层卫生、妇联、民政（老龄委）以及村级管理人员。

自然灾害给人们带来了明显的社会心理伤害。2008 年 5 月 12 日的汶川大地震使灾区的 4600 多万人民受到了影响。地震之后，联合国人口基金根据中国政府的需求，做出了迅速的响应，向灾区援助了生殖健康急救药箱，为妇女分发了个人健康清洁包，以满足灾难初期受灾群众的基本卫生和生殖健康的需求。震后的 3 个月，联合国人口基金又将重点放在了应急状况下的生殖健康服务和社会心理支持服务的能力建设方面。2008 年 10 月，联合国人口基金与世界卫生组织、中国卫生部、全国老龄工作委员会办公室等国家级机构共同合作，在北京和四川组织召开了两期社会心理支持及精神健康的培训研讨会。

这是联合国人口基金首次在中国紧急危机事件中纳入了应对生殖健康和社会心理支持的内容。

根据全球应急救灾工作的经验，保护和改善人们的精神卫生和社会心理状况是应急救灾的重点之一，也是人们的长期需求。

根据 2008 年 9 月国务院下发的《汶川地震灾后恢复重建总体规划》的精神，2009 年，在芬兰政府的资金援助下，联合国人口基金继续与卫生部/北京大学精神卫生研究所、全国妇联、全国老龄工作委员会办公室共同合作，在四川的 6 个重灾区，针对老年人、妇女以及青少年等弱势群体，组织开展以社区为基础的震后社会心理支持项目，项目的活动内容涵盖了社区级的联合培训、机构间的社会心理支持干预活动、识别、处理和转介，社区常见的精神障碍以及联合的监督评估和技术支持。本项目以社区动员、多部门合作为基础，将对灾后社区的社会心理支持网络的建设工作进行探索。

本项目为期 1 年（2009.1.1—2009.12.31），执行机构为联合国人口基金，具体实施机构为卫生部/北京大学精神卫生研究所、全国妇联、全国老龄工作委员会办公室。项目地区：四川省北川、安县、什邡、青川、绵竹、都江堰。

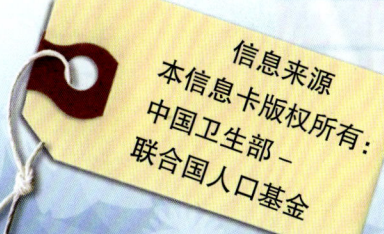

信息来源：中国卫生部 – 联合国人口基金
本信息卡版权所有：中国卫生部 – 联合国人口基金

MOH-UNFPA
汶川震后社会心理支持项目
核心信息卡 –2
Psychosocial Support to
Wenchuan Earthquake
Survivors Project

灾后助人者的自我保护
Self-Protection for Helpers in Post Disasters

助人者是心理创伤高危人群

地震和其他重大灾害中的救助人员常常要面对灾害的惨状和骇人的听闻；救灾过程中的过度负荷与重重困难、对生还者及其所受创伤的同情和共情，均会对救助者的身心状态造成冲击，产生生理与心理反应，甚至出现心理耗竭。

心理耗竭，即因心理能量在长期奉献给别人的过程中消耗过多，而产生极度心身疲惫和感情枯竭为主的综合征，表现为厌恶工作、焦虑、烦躁、失去同情心、自卑等。为了更好地帮助地震灾难的受害者，救助人员务必关注自己的心理状况并及时进行自我调适。

救助人员心理不适自查表

- 极度疲劳、休息与睡眠不足，产生生理上的不舒服（例如:做噩梦、晕眩、呼吸困难、肠胃不适等）。
- 注意力无法集中以及记忆力减退。
- 对于眼前所见的感到麻木、没有感觉。
- 担心、害怕自己会崩溃或无法控制自己。
- 因为救灾不顺而感到难过、精疲力竭，甚至生气、愤怒。
- 过度地为受灾者的惨痛遭遇而感到悲伤、忧郁。
- 觉得自己的救灾工作做得不好，而有罪恶感或觉得对不起灾民。
- 喝酒、抽烟或吃药的量比平时多很多。

> 在帮助别人之际，别忘了照顾您自己！

1. 自我隔离技术

我们都知道，汽车不能连续行驶，必须经常停下来加油。隔离技术就起到了加油站的功能。救助者要明确地在自己和被救助者之间留出一定的空间和时间，不要持续地将全部精力和时间都用到被救助者的身上，要留出一个加油站的距离和加油的时间，让自己保持冷静理智的判断和思考的能力，同时也有助于自己的身体和心理得到及时平复和休整。

A. 一般的隔离方法
- 实行轮班换岗工作制度，最好是强制性的。
- 注意休息，休息时离开工作场所，不要将全部的时间与工作对象待在一起。
- 使休息的场所尽可能和工作对象分开。
- 与家人和朋友保持联系。
- 进行适当的放松和娱乐。
- 聆听和感受受灾人的遭遇时，时刻不要忘记自己是救助者，不要将自己与被救助者完全等同。

B. 特殊的隔离技术

保险箱技术：
- 这是一个想象训练，借此可以暂时将不愉快的情绪和感受"打包封存"。
- 找一个舒服的姿势，闭上眼睛。想象在你面前有一个保险箱，它坚不可摧。
- 现在请打开保险箱，把所有给你带来压力的东西统统放进去：感觉的以及身体的不适……反复纠缠你的念头和声音……不好的气味和味觉……
- 现在锁好保险箱的门，把它放到你认为合适的地方，这个地方不应该离你太近，在你力所能及的范围里尽可能地远一些。
- 现在，负担解除了吗？享受一下轻松的感觉……

2. 放松技术

● 这一想象训练能够帮助你暂时脱离周围喧闹、充满压力的环境。

● 选一个舒服的姿势，闭上眼睛，或者望望四周让你感到舒服的地方。想象一个曾经让你非常放松、温暖、开心的情景，回忆当时你与谁在一起，再次体验那种美好的感觉……

3. 团队支持

● 在一个轮班或行动之后，自发或组织团队分享会，让团队成员谈论他们在灾难中的经验，每次30~45分钟。

● 团队成员相互问候，总结阶段取得的成果。倾听彼此的工作经历，告诉对方"做得很好"、"工作做得不错"。

● 讨论在各自承担的任务中，"什么是最糟糕的部分"，并且允许宣泄和分享感觉。保证所有成员都不会为了他们如何感觉、他们的功能如何而被批评。

● 对于出现心理不适的同伴给予支持和安慰，使他了解到自己的反应是正常的，每个人都可能存在。拍拍对方的背，或给予他有力的拥抱。

● 团队领导应肯定所有救助人员在救援工作中的努力，对重要贡献予以及时的肯定，还可以颁发小纪念品。

● 在队友因各种原因离开时，要互赠照片或纪念卡片，后面具体写着对方所做的令人感动的事，并留下联系方式，以在今后保持联络。

4. 自我减压

● 进行正向的"自我对话"。如：对自己说"我做得很好"，肯定自己的努力和成果。

● 遇到挫折时学会自我保护，不要过度自责，消除自罪感，告诉自己"我已经尽力了"、"没有人是万能的"。

● 与一位自己信赖的同事在一起，注意彼此的功能、疲累程度和压力症状，并在必要的时候彼此提醒需要休息。

● 在每天工作结束时，用几分钟和同事谈一谈今天的想法和感觉，不让糟糕的心情过夜。

● 定期参加团体分享会或工作者支持团体，谈论自己和同事情绪上的冲击。学习一些压力处理的课程。

● 保证充足的睡眠。学习放松技巧帮助入睡。

● 尽量规律进食、喝足够的水。避免进食过多的糖、脂肪、浓茶和咖啡。尽量不增加吸烟量。

● 非特殊情况下工作时间以12个小时为最长时限，每4个小时休息一次。当生病或效率降低时，不要逼迫自己继续工作。

● 感到压力令人透不过气时，轻轻地伸展一下紧张的肌肉；并深呼吸，闭气，之后用力呼气。

● 善待自己多一点儿。有条件的时候洗个热水澡，认真吃一顿饭，享受一下休闲活动，让灾难远离心灵。找一些能够滋养你的支持，安静地独处，读一本好书，听一段优美的音乐，和朋友玩一会儿棋牌，或运动一会儿。

● 离家执行救灾工作的时候，把亲人的照片带在身边，与家人保持紧密的联络，向家人报告平安，以获得支持，有机会时回家看看。认识新朋友，挖掘身边支持性的资源。做一些平时令自己放松的事情。写日记，或用影像记录自己的历程。

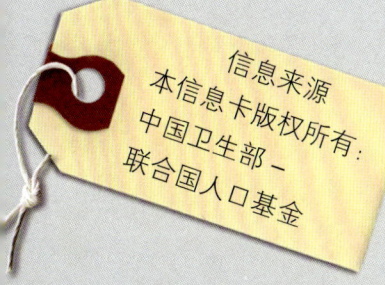

信息来源：本信息卡版权所有：中国卫生部－联合国人口基金

信息来源：《心理治疗理论与实践》
《灾难：从发生到复原——心理卫生专业人员工作手册》

编者：程文红　上海交通大学附属精神卫生中心（上海市精神生中心）
仇剑崟　上海交通大学附属精神卫生中心
马　弘　北京大学精神卫生研究所
牟晓洁　武汉大学人民医院

MOH-UNFPA 汶川震后社会心理支持项目 核心信息卡-3
Psychosocial Support to Wenchuan Earthquake Survivors Project Core Information Cards

沟通技巧
Overview on Communication Skills

沟通技巧概述
Communication Skills Summary

临床沟通的基本技巧
- 观察、倾听、提问。
- 肯定与澄清。
- 非言语交流。

临床沟通的综合技巧
- 向患者和家属解释诊断与治疗方案,最终根据患者的情况制订治疗目标与方案,帮助患者与家属了解疾病的预后。
- 对待患者及家属的不同诊疗意见。
- 向患者和家属传达坏消息。

基本技巧

观察
1. 观察的原则
   A. 有思考的观察
      ——信息收集,发现症状线索
   B. 有反应的观察
      ——对观察到的信息给予适当真诚的言语和非言语反应,保证有效的交流
   C. 贯穿交谈的观察
      ——反馈与调整
   D. 与倾听结合的观察
      ——察言观色
2. 观察的内容
   A. 表情、态度、动作
   B. 步态、姿势、衣着
   C. 说话方式、接触方式
   D. 反应方式
   E. 一般状态与意识

倾听
1. 倾听的原则——用心倾听而不仅仅是用耳
   A. 有思考的倾听——听话外音,发现症状线索
   B. 有观察的倾听——情绪如何,是否存在心理社会因素
   C. 与观察相结合
2. 倾听的内容
   A. 语气
   B. 语调
   C. 交谈内容

提问
1. 作用:澄清问题,引导与控制谈话过程,进行交流与反馈。
2. 用提问来控制:顺序提问/总结后提问。
3. 将开放性问题和封闭性问题结合使用。
4. 针对性要强,含义要清楚,一次只问一个问题。少问"为什么",多问"具体怎样?"

沟通的过程
三阶段(开始、深入、结束)

一、开始阶段
1. 目标
   A. 建立信任关系
   B. 发现症状的线索
   C. 决定谈话的方式
   D. 处理交谈对象的情绪
2. 主要运用的技巧
   A. 观察
   B. 倾听
3. 具体策略
   A. 医生自己做好心理准备与环境准备
   B. 迎接:医生采取主动姿态,与交谈对象握手、安排其就座;进行自我介绍;注意对患者进行全面观察
   C. 根据观察的结果,决定不同的开场方式
   - 从日常生活等普通问题的寒暄开始。
   - 从目前环境或目前情况开始。
   - 从患者最关心的主诉开始。
   - 从睡眠、饮食开始。
   - 以其他方式开始。
   D. 随时处理观察到的情绪问题
   E. 体会交谈对象的人格特点、交流方式、情感和行为表现的动机和背景,决定继续交谈的最佳方式
   F. 注意谈话中自己的感受并处理
   G. 发现症状线索,顺势导入深入交谈

二、深入阶段
1. 目标
   A. 澄清和核实问题
   B. 逐步接近结论
   C. 继续建立关系
2. 主要运用的技巧
   A. 观察 – 倾听 – 反应
   B. 提问 – 澄清 – 反馈
3. 具体策略
   A. 控制 – 引导
   B. 确定临床中心问题后准确深入
   C. 决定继续谈话的方式

三、结束阶段
1. 目标
   A. 总结和核实
   B. 必要的解释、鼓励——是今后交流的铺垫
2. 主要运用的技巧
   A. 总结
   B. 控制
   C. 引导技术
3. 具体策略
   A. 标志性提问:"你还有什么想告诉我的吗?"
   B. 直接总结后,安排下次会谈
   C. "时间限制法"
   D. 布置作业,时刻不忘鼓励

青少年沟通技巧
Communication Skills with Adolescents

青少年的特点
- 不成熟。
- 缺乏保护、支持自己的能力。
- 缺少有效解决问题的方法与资源。
- 缺乏自主、独立能力。
- 不能或不愿直接表达情绪与需要。
- 情绪与需要容易被忽略。

与青少年沟通的原则
- 真诚地关注青少年，将其视为一个完整的人，让其感觉到被喜欢、被重视或被尊重。
- 尊重青少年家庭的愿望与困难。
- 与青少年谈话需客观、清楚、明确与直接。
- 使用适合青少年的方式进行沟通。
- 帮助青少年逐步实现自我决策。
- 保护青少年的隐私（危险除外）。

青少年精神科急诊常见心理问题或障碍

1. 自杀或自伤

   A. 迹象：
   - 抱怨感觉快要死了。
   - 语言流露将要"离去"的念头。
   - 准备结束一切，料理后事的行为。
   - 情绪突然变得轻松。

   B. 帮助要点：
   - 直接询问是否抑郁，想到自杀。
   - 帮助寻找解决与自杀有关问题的方法。
   - 帮助寻找日常生活中的积极、乐观资源，避免家庭极端或突然的变化、负性生活事件及他人的负性态度。
   - 家人可留室监护，避免青少年独处。
   - 帮助寻找精神科专家。

2. 攻击性行为

   A. 迹象：
   - 以往有攻击行为。
   - 情绪紧张。
   - 威吓性言语与动作。
   - 明显带有威胁性的幻觉、妄想。

   B. 帮助要点：
   - 去除环境刺激因素，保持沉着、坚定的态度，让青少年安静下来。
   - 倾听青少年的想法，感受其情绪变化。
   - 避免威吓、辱骂，帮助青少年控制自己的情绪。
   - 保护青少年与他人的安全。
   - 帮助寻找精神科专家。

3. 性虐待

   A. 迹象：
   - 身体上有可疑淤伤、擦伤。
   - 抑郁，在熟人面前退缩。
   - 威吓性言语与动作。
   - 易发脾气和情绪激动。
   - 回避某个人或情境。
   - 对与性有关事情的态度和兴趣明显发生改变。
   - 有轻生念头或行为。

   B. 帮助青少年受害者的要点：
   - 鼓励讨论与性虐待有关的事情。
   - 保障青少年作为一个人的价值。
   - 立刻与有关部门联系，避免青少年再次受到侵害。
   - 安排接受身体与心理检查。

4. 厌食症

   A. 迹象：
   - 体重下降25%~30%。
   - 呕吐、暴食或过度运动等行为。
   - 女性闭经。
   - 胸痛、心律失常等身体不适。

   B. 帮助要点：
   - 及时联系住院治疗，改善身体健康状况。
   - 联系精神科医师进行治疗。

5. 拒绝上学：青少年会因为心理问题或障碍而不肯上学，如未及时得到帮助会加重心理问题或障碍

   A. 帮助要点：
   - 了解起病时间与诱因，以及可能的精神科诊断。
   - 转介精神科医师治疗。
   - 及时向青少年与家庭保证，尽早帮助青少年返回学校有利于青少年健康发展。
   - 与家庭、学校一起合作，制订督促青少年上学的详细计划。

如何与青少年良好沟通

1. 与青少年建立温暖、信任、理解、尊重的关系，确立治疗目标
   - 当青少年与父母一起来时，先与青少年打招呼。
   - 让青少年谈谈来咨询的愿望（有关改变自己、家庭与学校的想法）。
   - 耐心地对待青少年的各种负性情绪，了解原因，表达帮助的愿望。
   - 不要逼迫紧张、不愿谈话的青少年，允许他们想说的时候再说。

2. 理解与消除青少年家庭对心理帮助的羞耻、担心感，以增加对青少年的支持
   - 关注父母的担忧，以及治疗的愿望与目标。
   - 理解父母对来诊的各种消极情绪与顾虑。
   - 限制父母对青少年的消极评价，鼓励积极评价与支持。

3. 确定访谈对象及顺序——灵活的原则与建议
   - 分别安排与青少年、家长的单独访谈和整个家庭的会谈。
   - 先访谈青少年，再访谈父母，然后一起访谈；可以让青少年选择话题。
   - 既要让父母了解青少年，也要为青少年适当保密。

4. 结束谈话时，给予支持性反馈
   - 理解青少年的情绪、想法、行为以及困难。
   - 针对所要解决的问题给予乐观、积极的建议。

青少年来诊问题的沟通与处理步骤
- 让青少年知道来诊的原因。
- 了解原因，初步诊断。
- 与青少年解释来诊问题时聚焦于困难或问题本身，而非疾病诊断。
- 了解青少年的愿望，与青少年和父母一起建立治疗目标，制订治疗计划。

青少年心理急诊——危险因素识别

1. 必须首先确保身体健康与安全——优先原则

2. 迅速评估问题的性质，决定急救措施
   - 是否需要联络儿科医师，给予治疗。
   - 是否需要联络精神科医师，给予治疗。
   - 是否需要留室观察，防范自杀、冲动。
   - 是否有离家出走的危险性，给予限制。
   - 是否有遭受虐待的可能性，给予保护。

3. 全面精神检查，包括
   - 当前问题。
   - 当前不适，诱发因素。
   - 家族史，以及家庭压力与反应。
   - 发育成长史。
   - 过去疾病与类似问题史。
   - 对青少年与家庭详细进行访谈检查与观察。

4. 躯体检查
   - 尤其当青少年有或可疑有虐待、物质滥用、自杀企图或行为发生突然改变时。

5. 了解与青少年有关的各方面信息
   - 就医史。
   - 家人提供的信息。
   - 老师提供的信息。

妇女人群沟通技巧
Communication Skills with Women

为妇女服务的原则

1. 尊重和信任
——信任与接受妇女,承认并尊重妇女具有多样、独特的生活经验。
——接纳和尊重妇女表达不同的观点和意见。
A. 鼓励妇女发出自己的声音,表达自己的想法。例如:鼓励妇女表达:"你有什么想法?""你有什么要说的?"
B. 从妇女的角度理解她们,并且善于运用多种方法让女性表达自己。
例如让妇女拍摄生活中感兴趣的场景,使她们通过镜头表达对生活的看法。
C. 鼓励妇女参与家庭事务和社区事务的决定。
——将妇女的经验视为资源,以平等的方式与妇女分享她们的知识和经历,从她们身上学习。
——女性有解决自己的问题的方法和经验。
——强调和欣赏妇女共有的经验,建立她们之间的相互支持。

2. 避免社会刻板印象对妇女造成的二次伤害
- 不要用男性经验作为判断女性经验的标准。
- 不要从女性的生物学特征去解释女性的情感和行为。
- 避免对女性的消极印象,要善于从妇女的角度去认识她们。

3. 提高妇女解决问题的能力,帮助妇女进行能力建设
- 发现妇女的优点和潜能——优势视角。
- 挖掘妇女解决问题的资源。
- 鼓励求助。

4. 以妇女为本
A. 提供心理支持时,服务者和妇女一起通过社会性别文化分析,帮助妇女反省自身的处境,反省自己作为弱势群体的社会原因,使妇女看到问题的出现不是自己的错,而使其去除自责。
B. 提供的服务符合妇女的需求:如对妇女进行健康检查时,安排女性妇科疾病专家;救援队伍中增加女性医生。
C. 鼓励妇女平等地享有医疗资源:在家庭也有需要时,妇女往往是先照顾其他人的需求。
D. 在灾区分配食物和营养时,要注意女性因为优先考虑家庭成员造成的营养不足及健康状况恶化。
E. 尊重妇女在再生育和节育等方面的家庭决定,警惕妇女把家庭问题和责任界定为个人问题和责任,并为可能因此出现的对女性造成的压迫和性别不平等提供社区服务,如提高女性参与各种活动的意识,对男女两性进行性别平等教育。

灾后对妇女的支持性辅导

对妇女的支持性心理辅导可出现在不同阶段。
A. 灾前准备
- 让妇女参与减灾和备灾的过程,帮助妇女掌握相应的技巧,使其减轻对灾难的焦虑。
- 让妇女保持健康的身体,教会妇女自我保健的方法。
- 让妇女保持健康的心理,提高妇女的心理健康水平。
- 妇女的健康是家庭稳定的保障,妇女的健康是社区发展的保障。
B. 灾难发生后
- 通过个案、小组、社区等工作方法关注各类人群的心理健康情况,对危机状况及时处理。
- 对一些高危人群,如失去亲人的家庭、孤寡老年女性等要保持长期的心理关怀。
- 除了关注女性,也要关注男性的心理状况。男性的心理健康状况会影响到家庭关系和夫妻关系。
C. 灾后重建
- 推动女性就业,满足女性参与社会建设的需要和劳动的需要,使妇女能够获得一定的社会地位和经济收入。
- 关系的重建:包括妇女与家庭、妇女与社区、妇女与社会关系的建立。
- 灾难在某种程度上提供了角色重塑的机会:鼓励妇女积极参与救灾和灾后重建,这对她们来说是一个机会,可以借此改变原有的角色定型,使她们发展出新的技能。在合适的环境下她们可以进入就业市场,从而也会改变妇女对男性的依附关系。

与妇女沟通的技巧

1. 沟通符号的运用
A. 语言符号的运用:工作人员在与服务对象进行交流的过程中,要力求把话说得悦耳、清楚、准确、恰当、巧妙。
B. 身体符号的使用:将眼神、面部表情、身体姿势、动作及仪表等与语言搭配使用。
C. 环境符号的运用:沟通时注意时间观念、交流中的说话时机、沟通场所、交流时身体距离的把握等。

2. 具体的沟通技巧
A. 会倾听:对妇女要善于倾听,不仅仅听她在说什么,更要理解话语后表现出来的需要和情感。
B. 会回应:让妇女知道你理解她。沟通是双向的过程,我们不仅要会听,更要把我们听到的表达出来,让妇女感受到你的理解与尊重。
C. 会澄清:沟通时要避免误会的发生,会使用澄清的技巧。澄清是针对服务对象表达不清楚或矛盾的地方进行确认或提问。工作人员协助服务对象把遗漏的信息说出来,把矛盾的地方梳理一下。目的:减轻服务对象行为与思想的模糊和不确定层面,使其意思更加准确。举例:"你是说……吗?""在刚才的谈话中,你的意思是……吗?"
D. 会接纳:要走出自己理解的框架,学会接纳。不论服务对象是什么人,都要对她表示尊重和理解。为服务对象提供一个安全自由的环境,让她明白自己可以坦诚表露自己的软弱、失败、难受,而无须顾忌。
E. 表达真诚:工作人员以自然、真实的"我"出现,不将自己隐藏在助人者的角色后面,他很自由、很愿意开放自己和分享自己的个人经历。真诚是建立信任关系的关键。

老年人群沟通技巧
Communication Skills with the Older Adults

环境
由于生理老化，运动能力受限，因此老年人对环境的要求提高。
- 起居环境相对固定。
- 活动场所相对方便。
- 接触人群相对稳定。

态度
- 面对老年人，尊重是最重要的。
- 语言的表达要有尺度。
- 热情、真诚必不可少。
- 接纳、耐心更是要素。

个性
- 尊重老年人的个性差异。
- 根据老年人不同的个性，可以采取不同的沟通方式。

习惯
- 尊重老年人的习惯。
- 尊重不同的民族风俗。
- 尊重不同地区的区域文化。

有效沟通的渐进方式

1. 工作人员的形象与自我介绍
   - 工作人员的服装要规矩、稳重。
   - 自我介绍要简短。
   - 目光要柔和，语言要亲切，语速要慢，声调要高。

2. 与陌生老年人的关系建立
   - 要征得老年人的同意，例如称呼老先生或叔叔，请老年人选择。
   - 说话时尽量贴近老年人，将身体前倾，目光要有交流。
   - 如老年人有询问，要不怕重复，不怕解释。
   - 要尊重老年人的习惯、民族（地域）风俗。

3. 与老年人说什么和怎么说
   - 首先要听老年人说，然后总结一下老年人说的问题，进行确认。
   - 遇到敏感问题，如保障问题，可以先介绍一下提供保障的条件，询问老年人的情况，说明哪些地方需要进一步确认，并表达对老年人的关注。
   - 遇到愤怒的老年人要马上解决问题时，要主动先请老年人坐下来，然后问问他想喝点儿什么，关注他的喜好，从而缓解老年人的情绪，待其情绪稳定后再解决问题。

4. 言语的应用
   - 与老年人沟通时要充分利用肢体语言，如牵手并肩而坐。
   - 接近老年人时步伐要慢，要有声响。谈话时有称呼。
   - 与老年人沟通时要先鼓励和认同，然后再分析问题的原因，可以用"您这件事处理得很好，如果能这样处理可能会更好"这类的语句。

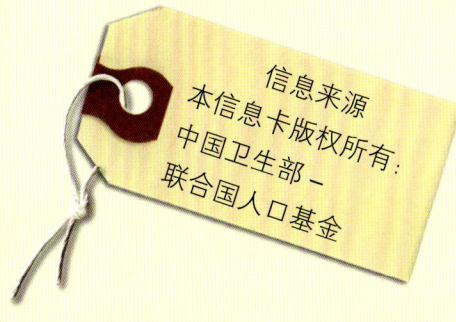

信息来源：唐宏宇（北京大学精神卫生研究所）
《积极心理学》
基层妇女社会工作专业能力建设培训教材

编者： 马　宁　北京大学精神卫生研究所
　　　 王华丽　北京大学精神卫生研究所
　　　 程文红　上海交通大学附属精神卫生中心（上海市精神卫生中心）
　　　 胡艳红　中华女子学院
　　　 杨　萍　中国老年学学会老年心理专业委员会

常见心理问题的识别和处理
Recognition and Treatment of Common Psychological Problems

MOH-UNFPA 汶川震后社会心理支持项目 核心信息卡-4
Psychosocial Support to Wenchuan Earthquake Survivors Project Core Information Cards

失眠及睡眠管理
Insomnia and Sleep Management

定义：失眠通常指患者对睡眠时间和/或质量不满足并影响白天社会功能的一种主观体验。

"正常"的睡眠时间——应随年龄加以区别
- 新生儿至少一天要睡20个小时，婴儿需要14～15个小时。
- 学前儿童需要12个小时，小学生需要10个小时，中学生需要9个小时。
- 大学生与成人一样需要8个小时，老年人因新陈代谢减慢，睡眠需要6～7个小时。

注意：以上数据并非"金标准"，应根据个人的白天清醒程度来判断所需睡眠量：只要早上起床时头脑清晰，一天中没有疲劳感，能够神清气爽地处理事情，则表示睡眠时间已经足够。

失眠的临床表现

夜间表现：
1. 难入睡：入睡时间超过30分钟。
2. 容易醒：夜间觉醒次数2次或凌晨早醒。
3. 质量差：睡眠浅、多梦、主观感觉睡眠不好。
4. 没睡够：通常少于6小时或比以往睡眠时间缩短。

白天表现：
嗜睡、无精打采、头晕、怕光、眼皮水肿、目光呆滞、大脑思维能力下降、打哈欠、乏力等。

注意：失眠者经常是上述几种情况不同程度混合存在。

失眠的诊断要点与分型

1. 以睡眠障碍为几乎唯一的症状，其他症状均继发于失眠。
2. 上述睡眠障碍每周至少发生3次，并持续1个月以上。
3. 失眠引起显著的苦恼或精神活动效率下降或妨碍社会功能。
4. 失眠不是任何一种躯体疾病或精神障碍症状的一部分。

急性失眠：持续少于4周，常由于突然的压力或环境改变引起。常见的突发因素包括躯体疾病、噪声、倒时差、高温等。
亚急性失眠：多于4周、少于6个月。
慢性失眠：持续时间超过6个月，常与身体或精神心理疾病有关，也可以由酒精或药物滥用引起。

失眠的治疗

治疗原则
1. **消除诱因**：消除明确引起失眠的原因是继发性失眠的主要治疗手段。
   - 环境因素：如噪声、蚊虫叮咬等。
   - 躯体疾病因素。
   - 药物因素：如使用激素、毒品、呼吸抑制剂等。
2. **睡眠卫生和认知-行为指导**：适合所有的失眠患者。
3. **心理行为治疗**：适用于存在心理因素或心理问题/疾病者。例如放松训练。
4. **药物治疗**：严重失眠、影响白天的工作和生活及情绪时可考虑选用。

睡眠卫生
1. 生活规律，保证睡眠时间。
2. 营造良好的睡眠环境。
3. 养成良好的睡眠习惯：按时就寝和起床、取右侧卧位、使用低枕睡眠、穿宽松柔和的睡衣。
4. 减少或停用烟、酒、茶及咖啡。
5. 晚间不要进食太多。
6. 定期进行适当的运动和锻炼。
7. 午睡时间不超过30分钟。
8. 睡前应避免过于剧烈的体力活动和大脑刺激，例如打球、跑步、恐怖片等。
9. 建议睡前活动：热水淋浴10～20分钟，做放松训练。

药物治疗

1. 苯二氮䓬类：
- 地西泮（安定）：2.5~5mg 口服或 10~20mg 肌内注射。
- 劳拉西泮（氯羟安定）：1~2mg 口服。
- 氯硝西泮（氯硝安定）：0.5~4mg 口服或 1~2mg 肌内注射。
- 阿普唑仑：0.4~0.8mg。
- 艾司唑仑：1~2mg 口服。

2. 非苯二氮䓬类催眠药物：
- 唑吡坦：5~10mg 睡前口服。
- 佐匹克隆：7.5~15mg 睡前口服。

注意：此种药物起效快，应在睡前 20 分钟内服用，服用后不宜进行盆浴等，以防发生危险。

3. 药物使用注意事项
- 有严重睡眠呼吸暂停的患者不宜用苯二氮䓬类。
- 伴有严重呼吸系统疾病患者、失代偿的慢性阻塞性肺病（COPD）、高碳酸血症以及失代偿的限制性肺病的患者禁用苯二氮䓬类药物——呼吸困难的患者禁用！
- 苯二氮䓬类药物有残余作用，服用次日有头晕、困倦、精神不振，患者不能进行开车、高空作业和机械操作。
- 服用苯二氮䓬类的患者不宜喝酒。
- 剂量个体化：从小剂量开始，尤其是老年人。
- 安眠药有耐受性、成瘾性和依赖性，不宜长期使用。

4. 药物使用具体策略
- 预期入睡困难时：于上床前 15 分钟服用。
- 上床 30 分钟不能入睡时服用。
- 在起床前 5 小时服用。

5. 考虑换药的情况
- 推荐的治疗剂量内无效；
- 与治疗其他疾病的药物有相互作用；
- 大量长期使用（>6个月）；
- 高危人群（有滥用药物、酒精、毒品甚至成瘾的患者）。
- 产生耐受性；
- 不良反应严重；
- 老年患者；

6. 换药的方法
- 将苯二氮䓬类换为其他催眠药物：在 2 周左右完成换药过程。
- 苯二氮䓬类药物应逐渐减量，同时开始使用非苯二氮䓬类药物并逐渐加量至治疗剂量。

7. 终止药物治疗的指征
- 当患者感觉能够自我控制睡眠时，可考虑逐渐停药。
- 停药应有步骤，需要数周至数月时间，因人而异。
- 常用的减量方法为逐步减少夜间用药，在持续治疗停止后，可按需间歇用药一段时间。

放松训练

又名松弛训练，是按一定的练习程序，学习有意识地控制或调节自身的心理生理活动，以降低机体唤醒水平，调整那些因紧张刺激而紊乱了的功能。

深呼吸法
深吸一口气，屏住呼吸几秒钟，然后呼出来。

渐进式放松法
舒适地坐在椅子里——慢而深地呼吸（2~3次）——屏住呼吸几秒钟——逐个部位收紧肌肉，直到快坚持不住了——呼气、快速而彻底地完全放松肌肉——最后，再同时对全部肌肉做一遍。

自主训练
放松后自己对自己默念如下的话语：
我的呼吸越来越深、越来越沉，我的心跳慢而有力，我感到非常平静……
我感到太阳照在我的头顶，一股暖流流遍了我的全身。我的头顶感到温暖而沉重……
这股暖流流到了我的面部，我的面部感到温暖而沉重……
我的呼吸越来越深、越来越沉……
我感到内心平静极了、舒服极了……
我醒来后，精神饱满、记忆力好……（自我暗示）

自主训练的几条线路
- 头顶–面部–颈部–前胸–心脏–胃部–小腹–左大腿–左膝–左小腿–左脚–左脚趾尖–右大腿–右膝–右小腿–右脚–右脚趾尖。
- 头顶–后脑勺–颈部–后背–腰部–臀部。
- 左肩–左臂–左肘–左小臂–左腕–左手–左手指尖–右肩–右臂–右肘–右小臂–右手–右手指尖。

专诊须知

睡眠持续得不到改善，并影响日常学习、工作及生活时应尽早到精神专科门诊就诊。

长期失眠的患者可能会伴随抑郁、焦虑情绪或精神病性症状，严重者可能出现自伤、自杀行为，应尽早请精神科专科医会诊或转诊。

失眠可以是精神疾病的一种表现，如精神分裂症、抑郁症、焦虑症、创伤后应激障碍等，如发现患者存在其他可疑的症状，应尽早请精神科专科医生会诊或转诊。

失眠可能是睡眠本身或呼吸系统、神经系统等疾病的表现之一，如发现患者有可疑的躯体症状，应尽早转诊内科。

抑 郁 症
Depression

定义： 抑郁症是一种常见的心境障碍，可由各种原因引起，以显著而持久的心境低落为主要临床特征，且心境低落与其处境不相称。临床表现可以从闷闷不乐到悲痛欲绝，部分病例有明显的焦虑和坐立不安，严重者可出现幻觉、妄想等精神病性症状。多反复发作，每次发作大多数可以自然缓解，部分可有残留症状或转为慢性。

临床表现与诊断要点

临床表现

1. 核心症状群
   - 心境低落——自我调节、他人安慰、改变环境等不能有效缓解。
   - 兴趣及愉快感丧失——对任何事情都不感兴趣，对以往的嗜好不再关注；勉强被动参与活动时，也体会不到任何乐趣；躲避亲友，回避社交，"什么都不想干"。
   - 精力降低——无任何原因的主观的休息也不能缓解的精力不足。
2. 生物症状群
   - 睡眠障碍——以早醒为特征。
   - 食欲下降——体重变化。
   - 性欲下降。
   - 胃肠道症状（检查不出器质性病变）。
   - 病情节律——晨重夜轻。
   - 精神运动性迟滞——亚木僵/木僵状态（少语少动/严重者不语不动，不进食）。
3. 伴随症状群
   - 思维迟缓、记忆力和注意力减退。
   - "三自"——自责、自罪、自杀。
   - "三无"——无望、无助、无能。
   - 焦虑症状——在老年期抑郁患者突出。
   - 精神病性症状——重度抑郁患者可能伴有。

诊断标准

国际诊断标准（ICD-10）
1. 症状标准：
   - 至少 2 个核心症状。
   - 至少 2 个其他症状（生物性症状和伴随症状）。
2. 病程标准：症状几乎每天绝大多数时间持续存在，达 2 周或更久。
3. 严重标准：社会功能受损/给本人造成痛苦。
4. 排除标准：排除器质性、精神活性物质所致及精神分裂症等。

家属与患者

健康教育

1. 抑郁症是一种常见疾病，可以有效治疗。
2. 抑郁症并非虚弱或懒散。患者在竭力试图应付。
3. 某些药物可能产生抑郁症状（例如，β 受体拮抗剂、其他抗高血压药物、H_2 受体拮抗剂、口服避孕药、糖皮质激素）。
4. 长期过量饮酒可以产生抑郁症状。
5. 如果存在以下情况，可能增加自杀的危险性：家族中有过自杀的成员；有强烈的绝望感及自责、自罪感；以往有自杀企图；有明确的自杀计划；有精神病性症状、存在不良心理问题；并存躯体疾病；缺乏家庭成员的支持。年老者比年轻者、女性比男性自杀的危险因素高。
6. 某些群体是抑郁症高危人群（例如，最近分娩或患过脑卒中者，帕金森病或多发性硬化患者，有抑郁症家族史者）。

家属如何帮助患者康复

1. 询问自杀的可能性（患者是否经常想到死亡或去死？患者是否有确定的自杀计划？他/她是否在过去做过危险的自杀尝试？患者能否保证不按照自杀观念行事？）。可能需要家人或朋友对患者进行严密的看护，或患者需要住院。询问患者对他人造成伤害的可能性。
2. 制订能给患者以快乐或树立信心的短期活动计划。
3. 鼓励患者放弃悲观念头和自我责备，切勿按照悲观念头行事（例如，结束婚姻或放弃工作），并且不要停留于消极或有罪的想法。
4. 找出当前的生活问题或社会应激。采用患者能接受的小的针对性强的步骤以减少或改善这些问题。避免做出重大决定或生活改变。
5. 如果患者存在躯体症状，探讨躯体症状与心境之间的联系。
6. 病情得到改善后，与患者制订一旦症状复发要采取的措施。

药 物 治 疗

1. 如果心境低落或兴趣缺失在至少 2 周的时间内占有优势且存在下列四个或更多的症状,应考虑给予抗抑郁剂治疗:
   - 疲乏或精力减退。
   - 注意力集中困难。
   - 运动和言语激越或迟缓。
   - 睡眠紊乱。
   - 有寻死念头或自杀行为。
   - 自罪或自我贬低。
   - 食欲紊乱。

2. 病情严重的患者,应在首诊时考虑药物治疗。中等程度的患者,如果咨询帮助不大可以在随访时考虑药物治疗。

3. 几种抗抑郁药物:

   A. 三环类抗抑郁药:

药物名称	治疗剂量
丙米嗪(米帕明)	50~300mg/d
阿米替林	50~300mg/d
多塞平	75~300mg/d

   - 禁忌证:严重的心、肝、肾疾病、癫痫、青光眼。14 岁以下儿童、孕妇,以及前列腺肥大患者慎用。
   - 不良反应:①抗胆碱能作用;②心血管作用;③其他。

   B. 选择性 5-HT 再摄取抑制药

药物名称	治疗剂量
氟西汀	10~40 mg/d
帕罗西汀	20~40 mg/d
舍曲林	100~200 mg/d
氟伏沙明	50~150 mg/d
西酞普兰	20~60 mg/d

   - 优点:不良反应较三环类抗抑郁药小,尤其是抗胆碱能和心血管不良反应。
   - 常见不良反应:
     - 胃肠道:恶心、呕吐、厌食、便秘。
     - 神经系统:头痛、头晕、紧张、失眠、乏力、口干、多汗。
     - 性功能障碍:阳痿、射精延迟、性快感缺失。

4. 药物的选择:
   - 如果患者过去对某种药物疗效满意,可以再次选用该药物。
   - 如果患者年龄较大或有躯体疾患,可选用较少出现抗胆碱能和心血管不良反应的药物。
   - 如果患者伴有焦虑或睡眠困难,可选用镇静作用强的药物。

5. 抗抑郁剂(例如,丙咪嗪)的起始剂量为每晚 25~50mg,并在 10 天左右加量至每日 100~150mg。尽可能单一用药,逐渐加至有效剂量。如果患者年龄大或有躯体疾病,剂量宜小。

6. 向患者解释必须每日坚持服药,而病情改善要等到开始治疗后 2~3 周才能逐渐出现,并且可能出现轻微的不良反应,但通常会在 7~10 天后消失。向患者强调在停药前应该征求医生的意见。

7. 在情况改善后应至少继续抗抑郁剂治疗 3 个月以上,复发的患者则需维持更长的时间。

专家会诊

1. 如果患者出现下列情况则考虑会诊:
   - 有肯定的自杀或伤害他人的危险。
   - 有精神病性症状。
   - 接受上述治疗后仍持续存在明显的抑郁症状。

2. 更为严谨的心理治疗(例如,认知治疗和人际关系治疗)对于初次治疗及预防复发可能有所帮助。

自杀风险的评估

1. 低度风险——悲观绝望
2. 中度风险——生不如死
3. 中到高度风险——自杀计划
4. 高度风险——实施未遂

患者的注意事项:

下面有 20 条文字,请仔细阅读每一条,把意思弄明白。然后根据您最近一周的实际情况在适当的方格里画一个"√"。每一条文字后有四个格,分别表示:没有或很少时间、少部分时间、相当部分时间、绝大部分或全部时间。

抑郁自评量表

	没有或很少时间	小部分时间	相当部分时间	绝大部分或全部时间	工作人员评定
我觉得闷闷不乐、情绪低沉	☐	☐	☐	☐	☐
我觉得一天之中早晨最好	☐	☐	☐	☐	☐
我一阵阵哭出来或觉得想哭	☐	☐	☐	☐	☐
我晚上睡眠不好	☐	☐	☐	☐	☐
我吃得和平常一样多	☐	☐	☐	☐	☐
我与异性密切接触时和以往一样感到愉快	☐	☐	☐	☐	☐
我发觉我的体重在下降	☐	☐	☐	☐	☐
我有便秘的苦恼	☐	☐	☐	☐	☐
我的心跳比平时快	☐	☐	☐	☐	☐
我无缘无故地感到疲乏	☐	☐	☐	☐	☐
我的头脑跟平时一样清楚	☐	☐	☐	☐	☐
我觉得经常做的事情并没有困难	☐	☐	☐	☐	☐
我觉得不安而平静不下来	☐	☐	☐	☐	☐
我对将来抱有希望	☐	☐	☐	☐	☐
我比平常容易生气和激动	☐	☐	☐	☐	☐
我觉得做出决定是容易的	☐	☐	☐	☐	☐
我觉得自己是个有用的人,有人需要我	☐	☐	☐	☐	☐
我的生活过得很有意思	☐	☐	☐	☐	☐
我认为如果我死了别人会生活得好一些	☐	☐	☐	☐	☐
对以往感兴趣的事我仍然照样感兴趣	☐	☐	☐	☐	☐

医生的注意事项:

1. 记分方法:正向评分题是按照"没有或很少时间、少部分时间、相当部分时间、绝大部分或全部时间"依次评分为粗分 1、2、3、4,反向评分题(文字前有*号者)则评分依次为 4、3、2、1。

2. 计算标准分方法:将所有项目分相加,即为总粗分。标准分 = 粗分 × 1.25。粗分超过 41 分、标准分超过 53 分就提示有需要处理的抑郁情绪。

3. 如果评定者文化程度太低,可由医生逐条念给他/她听,让评定者独自作出评定。

创伤后应激障碍
Post-traumatic Stress Disorder

诊断与检查要点

诊断要点

1. 创伤事件：同时符合下列两点
   - 患者亲身体验、目睹或遭遇那些危及或者造成自己或他人严重伤亡的事件。
   - 患者当时有强烈的害怕、无助或恐惧反应（儿童可能表现为紊乱或激越行为）。
2. 反复再体验创伤事件的症状（至少一项）：
   - 不由自主、痛苦地回忆起这件事。
   - 痛苦地梦到这件事。
   - 这件事似乎又在发生的感觉。
   - 有触景生情的强烈的心理痛苦。
   - 有触景生情的生理反应（如发抖、寒战、心跳加快）。
3. 警觉性增高的症状（两项或更多）：
   - 入睡困难或睡眠不好。
   - 易发怒。
   - 难以集中注意力。
   - 过度警觉。
   - 过分地担惊受怕。
4. 回避与麻木症状（三项或更多）：
   - 竭力回避与此创伤有关的思考、感受或谈话。
   - 竭力回避会让患者回想起此创伤的活动、地点和人物。
   - 遗忘此创伤的重要方面。
   - 很少参加或没有兴趣参加有意义的活动。
   - 不愿与人交往或觉得与他人有疏远的感受。
   - 情感范围受限（如难以有爱的感觉）。
   - 对未来没有远大的设想。
5. 病期：症状（上述2、3及4）超过1个月。
6. 痛苦或功能受损：此障碍产生了临床上明显的痛苦和烦恼，或在社交、职业或其他重要方面的功能缺损。

发生和表现

创伤后应激障碍（PTSD）是在遭受重大心理创伤后，出现持续1个月以上的焦虑性精神障碍，患者感到痛苦，或者有功能受损。
主要表现为：
- 反复再体验到这种创伤事件。
- 持久地回避与这种创伤相关的刺激，对一般事物的反应显得麻木。
- 警觉性增高。

检查要点

1. 询问可疑患者"您是否曾经历、亲眼目睹或必须去处理某件对你或其他人造成严重伤害的事件？像在5.12那天亲身经历地震？"，"在当时您感到非常害怕、无助或恐惧吗？"，"如果你愿意，请稍稍说具体一点儿好吗？"
2. 询问是否存在至少以1种方式的反复再体验到这种创伤事件。在儿童，可能表现为反复做与创伤主题有关的游戏，或做令人可怕的梦而讲不清内容。幼儿还可出现特殊创伤的再现。
3. 在创伤后，警觉性增高的症状至少存在2项。
4. 创伤后，对与此创伤有关的刺激作持久的回避，对一般事物的反应显得麻木的症状，至少存在3项。
5. 急性：病期不超过3个月。慢性：病期在3个月以上。延迟起病：症状在经历应激至少6个月后才发生。

PTSD 筛查

筛查问题：

首先，你曾经经历过令你感到非常害怕、无助、恐惧的事件。

在最近1个月里：

1. 你做噩梦梦到这件事，或者在你不想去想它的时候想到这件事。　是 / 否
2. 你竭力不去想这件事，或者竭力回避那些会让你回想起这件事的场合。　是 / 否
3. 你时刻保持警惕，睡眠不好，过分地担惊受怕。　是 / 否
4. 对其他人、各种活动或者周围环境感到无动于衷或疏远。　是 / 否

如果2条以上回答"是"，有可能诊断为PTSD。

Prins, et al. (2004). Primary Care Psychiatry, 9, 9-14.

有下述情况者为重点筛查对象：

1. 长期失眠
2. 情绪低落
3. 担心害怕
4. 心慌烦躁
5. 闭门不出
6. 身体虚弱
7. 易发脾气
8. 长期饮酒
9. 消极厌世
10. 重大伤残
11. 丧偶丧子
12. 孤独无援
13. 精神疾病

药物治疗

一、治疗流程

1. 尽早治疗	诊断PTSD以后就要使用药物治疗，如经过6~12周系统治疗无效，方可考虑改换药物。
2. 一种抗抑郁药	三环类抗抑郁药米帕明或阿米替林（从6.25~12.5mg/d开始，宜缓慢加药） 或者新型抗抑郁药（氟西汀、舍曲林、帕罗西汀、文拉法辛、米氮平）
3. 调节到最大耐受	如果足够剂量三环类抗抑郁药米帕明或阿米替林(150mg/d)有部分疗效，可以逐渐增加到所建议的最大剂量（米帕明或阿米替林250mg/d，或者舍曲林200mg/d、帕罗西汀50mg/d、氟西汀60mg/d）
4. 对部分有效者的强化治疗	足够剂量的三环类抗抑郁药米帕明或阿米替林(150mg/d)治疗6~12周以后，如果部分有效，必须评估继续存在的症状，并且相应的小剂量地加用另一种药物来强化治疗，如加用曲唑酮、萘法唑酮、舍曲林、氟西汀
5. 无效换药	如果用足够剂量的三环类抗抑郁药米帕明或阿米替林（150mg/d）治疗6~12周后，PTSD核心症状（反复再体验创伤事件、回避与麻木、警觉性增高）和睡眠障碍仍持续存在，治疗反应失败(症状改善小于25%)，应换另一种抗抑郁药如氟西汀、舍曲林、帕罗西汀、文拉法辛、米氮平，或者合并使用另外一种药物
6. 有效持续	如治疗有效则持续至少1年。治疗结束后应该逐渐减量直至停用
7. 合并存在其他症状的辅助治疗	强化治疗或者无效换药治疗6~12周后，治疗效果不充分，重新评估诊断，添加第二或第三个药物进行辅助治疗，亦可考虑社会心理治疗
过度警觉	加抗肾上腺素能药物（可乐定、胍法辛或普萘洛尔）
攻击、冲动	加抗抽搐药、心境稳定剂治疗（丙戊酸钠、利培酮）
恐惧、偏执	加非典型抗精神病药
失眠、噩梦	加曲唑酮、α_1肾上腺素能拮抗剂、小剂量三环类抗抑郁药或其他镇静类药物
焦虑不安	利培酮、奥氮平、喹硫平、丁螺环酮、普萘洛尔
惊恐障碍	没有精神活性物质滥用史的患者可以慎用苯二氮䓬类
强迫症	加氯丙咪嗪或非典型抗精神病药（利培酮、喹硫平、奥氮平等）
广泛性焦虑	加丁螺环酮、曲唑酮或苯二氮䓬类
社交焦虑障碍	加氯硝西泮、奥氮平等
精神病性障碍	一开始就应加用非典型抗精神病药物

二、注意药物不良反应

药物	不良反应	注意事项
三环类抗抑郁药	抽搐、抗胆碱能等	禁用：心脏病，如心绞痛、心肌梗死、心力衰竭；中枢抑制或昏迷，青光眼，孕妇。 慎用：癫痫、严重肝和肾疾病、前列腺肥大、老人、心血管病、尿潴留及甲状腺疾病者。有剧毒，需防止患者服药自杀。禁与单胺氧化酶抑制剂（MAOIs）联用。服后有口干，应多饮水，并保持大便通畅
非典型抗精神病药	体重增加、糖尿病恶化、代谢综合征、高脂血症、高催乳素血症	定期观察、检查
苯二氮䓬类抗焦虑药	长期应用易导致成瘾	禁用：青光眼及重症肌无力患者。婴儿、老人和体弱者慎用
普萘洛尔	抑制作用	禁用：支气管哮喘和心力衰竭、有传导阻滞者

三、处理共病

与PTSD相伴的最常见的疾病是抑郁症、广泛焦虑障碍、药物依赖、躯体化障碍、惊恐障碍、双相障碍、恐惧症、分离性障碍。所有这些共患的精神障碍都应该与PTSD一起治疗。

专家会诊或者转介

1. 如果患者具有下列情况，请精神科医师会诊或者将患者送入精神病院：
   - 肯定的自伤、自杀或伤害他人的危险。
   - 精神病性症状严重。
   - 有严重的躯体疾病。
   - PTSD诊断或者共病诊断有问题。
   - 生活不能自理且拒绝治疗。
   - 病情严重但身边无看护人。
   - 接受上述治疗后仍持续存在明显的PTSD核心症状、抑郁症状、社会退缩。
   - 严重的药物不良反应。
2. 针对创伤的心理治疗［例如，认知行为疗法、眼动脱敏与再加工治疗（eye movement desensitization and reprcessing，EMDR）人际关系疗法］。
3. 帮助治疗及预防复发。

急、慢性精神病性障碍
Acute and Chronic Psychoses

认识精神病性障碍的必要性和重要性

- 精神疾病在各种社会和文化中都很常见，它们给患病者带来极大的痛苦，造成功能缺损，同时也给患者的家人和朋友带来相当大的痛苦。
- 人们会呼吁社会对躯体疾病患者伸出同情和援助之手，但社会对于精神疾病的总体态度经常是害怕或歧视的。
- 和躯体疾病相比，精神疾病在表现上具有一定的神秘性。那些不同于发热、腹痛、骨折或者咳嗽的神秘症状，常常会使人们在猜想病因时联系到道德或者其他原因，从而延误了治疗或是采用不正确的治疗。
- 精神疾病和躯体疾病一样，都是疾病，通过适当的帮助能够临床治愈。每一个医生都有义务和责任为精神疾病患者提供他们所需要的帮助，防止病情恶化。
- 我们现在掌握的精神疾病及其病因的知识已经使得对精神疾病患者的治疗在世界的许多地区成为常规。我们可以准确地诊断各种精神障碍并用可靠而有效的方法进行治疗。
- 但是社会和大众对精神疾病的负性态度，往往影响到患者的治疗和使其回归社会。
- 在社区卫生工作中经常可以见到精神疾病患者。和许多慢性和严重的疾病相比，精神疾病除了更难被人理解和接受外，疾病的检查和诊断手段也和其他疾病不一样，主要靠医生的精神检查和诊断分类工具，例如 ICD-10。
- 因为精神疾病的治疗需要一个相对长的时间过程和综合性的服务，防治工作必须形成一个连续的体系，保证患者能够得到全程治疗。因此，社区防治是极为重要的一环。

急性精神病性障碍

患者主诉
- 凭空听到声音。
- 有奇怪的信念或恐惧。
- 出现精神错乱。
- 有恐惧。

家人可能因为其难以解释的行为改变而寻求帮助，包括怪异或恐惧行为（退缩、多疑、威胁）。

诊断要点
最近出现的：
- 幻觉（错误或想象的感觉，例如周围无人时听到声音）。
- 妄想（顽固坚持显而易见是错误的信念，例如，患者相信被邻居下毒，能够接受到无线信息，或被人以某种特殊的方式盯看）。
- 激越或怪异行为。
- 不连贯或奇怪的言语。
- 极端和不稳定的情感状态。

鉴别诊断
可能引起精神病性症状的躯体障碍包括：
- 癫痫。
- 药物或酒精中毒或戒断。
- 感染性或发热性疾病。

急性精神病性障碍治疗指南

健康教育
- 激越（指明显的坐立不安和过多的肢体活动，并伴有焦虑）和怪异行为是某种精神疾病的症状。
- 急性发作常预后良好，但很难从一次急性发作预测疾病的长期病程。
- 在症状缓解后可能需要继续治疗几个月。

家属如何帮助患者康复
1. 确保患者和照料他们的人的安全。
- 家人或朋友应该陪伴患者。
- 确保患者的基本需求（例如饮食）得到满足。
- 注意不伤害患者。
2. 减少应激和刺激。
- 不要就精神病性思维争论（你可以不同意患者的看法，但是不要试图争辩他们是错的）。
- 避免和患者对立或批评患者，但患者出现伤害自己或破坏性行为时要给予制止。
3. 激越对于患者非常危险，家人或社区需要送患者住院或在安全的场所严密看护。如果患者拒绝治疗，可能需要法律强制措施。
4. 在症状改善之后，鼓励恢复正常的活动。
5. 为家人提供与精神康复相关的建议。

专家会诊
- 如果可能，对于所有的精神病性障碍患者均须专家会诊。
- 出现严重的运动系统不良反应或发热、僵硬、高血压时，应停用抗精神病药物治疗并请专家会诊。

药物治疗原则
1. 在专科医师的指导下规范化治疗，特别是首次发作的治疗；缓慢加药，剂量个体化，应该采能够减轻症状的最低剂量，并监测药物治疗的不良反应。
2. 抗精神病药物可以减轻精神病性症状（例如：传统的氟哌啶醇、氯丙嗪、奋乃静、舒必利以新型的利培酮等，还有一些长效针剂很方便）。
3. 有时可能需要合用抗焦虑药物控制急性激越，例如苯二氮䓬类药物。
4. 在症状缓解之后应至少继续抗精神病药物巩固治疗 4~6 个月，再继续维持治疗 6 个月以上。
5. 药物治疗的不良反应：
- 急性肌张力障碍或痉挛，可以注射苯二氮䓬类药物或抗胆碱能药物治疗。
- 静坐不能（严重的运动性不安，患者表现为不停地走动，不能安静地坐下），可以减少剂量或用 β 受体阻断药治疗。
- 帕金森症状（震颤、运动不能），可以口服抗帕金森药物（例如盐酸苯海索、异丙嗪等）。

慢性精神病性障碍

主诉

患者可能表现为：
- 思考困难或注意力集中障碍。
- 凭空听到声音。
- 奇怪的信念（例如：有超自然的能力，被人迫害）。
- 不同寻常的躯体主诉（例如：认为体内有动物或不寻常的物体）。
- 与抗精神病药物治疗相关的麻烦或问题。
- 在进行工作或日常生活时可能存在麻烦。
- 家人可能因为其情感淡漠、退缩、不讲卫生或怪异行为而寻求帮助。

诊断要点

慢性障碍有下列特征：
- 社会性退缩。
- 缺乏动机或兴趣，自我忽略。
- 思维紊乱（表现为奇怪或不连贯的言语）。

周期性发作表现为：
- 激越或不安。
- 怪异行为。
- 幻觉（错误或想象的感觉，例如，凭空听到声音）。
- 妄想（坚持显而易见错误的信念，例如，患者认为自己与皇室有关，或能够接受到无线信息，或被人跟踪或迫害）。

鉴别诊断

- 若心境低落或伤感、悲观厌世、自罪感占优势时，要和抑郁症状鉴别。
- 若抑郁和躁狂症状（兴奋、心境高涨、夸大的自我评价）占优势时，要考虑双相情感障碍。
- 酒精或其他物质（兴奋剂、致幻剂）的慢性中毒或戒断也能够导致精神病性症状。要注意询问饮酒和用药史。

慢性精神病性障碍治疗指南

健康教育

- 激越和怪异行为是某种精神疾病的症状。
- 症状可能随时间而出现或消失，要注意有复发的可能。
- 药物是治疗的核心环节；它可以减轻当前发作并预防复发。
- 家庭支持对于治疗的依从性和有效康复至关重要。
- 如果能在社区或在家里为患者提供有实际帮助的支持，让患者保持社会和生活功能是十分重要的。

家属如何帮助患者康复

- 尽量与患者和家庭成员讨论治疗计划并获得他们在这方面的帮助。
- 解释药物能够防止复发并告知患者药物的副作用。
- 鼓励患者在工作和其他日常活动中发挥出尽可能高的合理水平。
- 鼓励患者遵守社区规则以及达到人们的期望（如衣着、外表、行为）。
- 减少应激和刺激：
  - 不要就精神病性思维争论；
  - 避免对立或批评；
  - 在症状更为严重的期间，休息并避开应激会有帮助。
- 关于激越或兴奋状态的治疗，同急性精神病。

专家会诊

- 若条件便利，对于所有精神病性障碍的患者均须专家会诊。
- 伴有精神病性症状的抑郁或躁狂患者可能需要其他治疗。请专家会诊以澄清诊断并选择最适当的治疗。
- 就适当的社区服务进行咨询可以减轻家庭负担并改善康复。
- 出现严重的运动系统不良反应时也应该请专家会诊。

药物治疗原则

- 治疗原则同急性精神病性障碍。告知患者坚持服药能减小复发的风险。通常在首次发作之后应至少坚持服用抗精神病药物4~6个月，以后的发作应服用时间更长一些。
- 如果患者不能按照医嘱服药，注射长效抗精神病药制剂可能保证治疗的连续性并减少复发的风险。
- 告知患者可能发生的药物不良反应。常见的运动系统不良反应包括：
  - 急性肌张力障碍或痉挛：可以注射苯二氮䓬类药物或抗胆碱药物治疗。
  - 静坐不能（严重的运动性不安）：可以减少剂量或使用β受体阻断药治疗。
  - 帕金森症状（震颤、运动不能）：可以口服抗帕金森药物。

所有药物治疗都必须由注册的执业医生指导进行

信息来源：世界卫生组织基础保健版（ICD-10 第五章）
中国精神疾病防治指南丛书

编者：
马 弘　北京大学精神卫生研究所
何 鸣　杭州市第七人民医院
梁光明　沈阳市精神卫生中心
谢永标　广东省精神卫生研究所

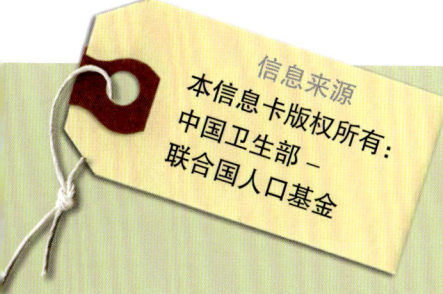

信息来源
本信息卡版权所有：
中国卫生部－联合国人口基金

MOH-UNFPA 汶川震后社会心理支持项目 核心信息卡 –5
Psychosocial Support to Wenchuan Earthquake Survivors Project Core Information Cards

心理辅导及干预技术
Psychological Counseling and Intervention Skills

心理急救和居丧障碍的处理
Psychological First Aid and Bereavement Management

心理急救

什么时候
- 灾　　前：培训人力资源，制订心理急救预案并演练，制订快速评估工具，教育大众，为儿童提供特殊的培训，对避难场所、食品和水资源进行调查。
- 紧急阶段：建立协调组织，招募志愿者，抢救生命，提供社会支持，提供可靠信息。
- 重建阶段：提升安全感，增加希望，增强联系，抑郁评估，自杀预防。

什么地点
- 灾　　前：普及为主。如学校、社区、职业场所等。
- 紧急阶段：医院、灾民临时安置点、社区等。
- 重建阶段：医院、社区、学校、行政管理部门等。

心理急救 ABC
- Arouse: 唤醒——平静，放松
- Behavior: 行为——心理健康评估，指向健康行为
- Cognition: 认知——有效沟通，环境定向，转向现实

什么原则
- 非侵扰性，富于同情心地建立人际关系。
- 增进即时和持续的安全感。
- 安抚、指导情感崩溃或紊乱的幸存者。
- 无害性：尊重隐私，尊重人的自主性。
- 平等性：一视同仁，不对同一人群提供并列服务。
- 参与性：最大限度地促进受灾地区人群参与救援。
- 整合性：通过各种活动减少心理应激。
- 可及性：尽早提高本地能力，增强现有资源。
- 多重分层支持：从社区、家庭、非专业支持到专业支持，分层系统支持心理重建。

什么内容
- 以非医学治疗为主。
- 预防进一步伤害。
- 提供没有压力的讨论机会，避免谈不愿意谈的事。
- 耐心地倾听，传达真实的同情。
- 确认受助者的基本需求，并设法帮助解决。
- 预防消极应对方式（如酗酒）。
- 在可能的情况下鼓励受助者参加日常事务,或有人陪伴。
- 向需要进一步治疗者推荐当地的支持机构。

信息传达
- 是可信的。
- 持续地提供信息。
- 专人发布信息。
- 建设性的、直接可以实施的具体行动。
- 一致的信息：为所有对工作人员提供相同的信息。
- 聚焦于社区的信息。

心理急救的 8 项核心行为
- 接触和互动。
- 安全和安慰。
- 稳定（如果需要）。
- 信息收集：当前的需求和关注。
- 实际性的援助。
- 与社会支持建立联系。
- 提供应对的信息,促进适应性的功能。
- 与合作性服务建立联系。

常见的心理反应
- 恐惧、无助。
- 悲痛、气愤。
- 警觉、紧张。
- 麻木、怀疑。
- 难以集中注意力。
- 痴迷、担忧。
- 决策力下降。
- 社会退缩。
- 矛盾。
- 人际关系障碍。

希望感是通往康复之路的第一步
"没有食物，人可以生存 40 天；
没有水，可以生存 3 天；
没有空气，仍可以生存 8 分钟；
但如果没有希望，下一秒钟就会死去。"

居丧障碍

自然灾害可使数万人丧生，这对活着的亲人是难以接受的事实和重大的打击。痛失亲人是人生的重大丧失，可能引起情绪、思维和行为等各方面的改变，也包括人际关系和社会功能方面的改变，有时还迁延成慢性状态，给个体及其家庭带来不可估量的损失。

主诉

患者
- 深深地怀念死者。
- 沉浸在失去亲人的痛苦之中。
- 失落感之后还可出现躯体症状。

诊断要点

正常的悲哀包括沉浸在失去亲人的痛苦之中。但可以伴随类抑郁症的症状，例如：
- 心境低落或悲哀。
- 睡眠障碍。
- 兴趣缺失。
- 自责自罪。
- 焦虑不安。

患者还可能出现
- 日常行为和社会交往的退缩。
- 很难考虑将来。

鉴别诊断

如果丧亲2个月之后仍然表现抑郁的全部症状，应考虑抑郁症的诊断。
- 不适当的自罪及无用感与失去亲人无关。显著的精神运动性迟滞（少语少动甚至不语不动）直接提示抑郁症。
- 但是类抑郁症症状并不预示抑郁症（例如：愧疚在亲人去世之前没为他做什么；想死的念头如"我应该跟他一起死"或"我还不如死了好"；某些幻觉如看见了失去的亲人，听见他/她的声音）。

居丧障碍治疗指南

健康教育

- 重要的丧失经常继之以强烈的悲伤、哭泣、焦虑、自罪感或容易激惹。
- 典型的居丧包括对失去者的怀念（包括听见或看见死者）。
- 倾向谈论逝者是正常的。

家属如何帮助患者康复

- 允许居丧者谈论逝者和去世的情境。
- 鼓励其随意地表达对逝者的情感（包括悲伤、愧疚和愤怒）。
- 恢复需要时间。减轻负担的措施（工作、社会交往）是必要的。
- 理解过度悲伤经过几个月会慢慢消失，但对逝者的回忆会继续引起感伤。

药物治疗

- 抗抑郁剂应在3个月后或更长时间以后再考虑使用。如果明显的抑郁症状持续超过3个月，则参见抑郁症治疗。
- 如果出现严重的失眠，短期应用奥沙西泮15mg，每晚口服会有帮助，但仅限服用2周。

对居丧者干预的目的：

帮助他们度过正常的悲哀反应过程；他们能正视痛苦，表达对死者的感情，找到新的生活目标。
灾难打碎了原有的生活，但是生活还在继续。
人类社会就是在灾难的磨砺中延续的！

专家会诊

如果严重的悲伤症状持续超过6个月，仍未服用抗抑郁剂治疗，应考虑会诊。居丧的儿童可能会从家庭治疗中获益。

灾区育龄妇女的心理保健
Psychological Protection for Women in Reproductive Ages in the Disaster Areas

再孕妇女的心理保健

政策倡导与支持

《关于汶川特大地震中有成员伤亡家庭再生育的决定》
- 年龄、避孕措施、地震带来的精神压力、医疗检查设备缺失等因素都给再生育增添了难度。
- 符合规定拟再生育子女的家庭，免费提供孕前、孕期和分娩三个阶段服务。
- 本着自愿选择、知情同意、尊重科学的原则，免费为其提供心理疏导和科学生育指导、健康检查、终止避孕措施、孕期保健、安全分娩等全程技术服务。

孕期的生理心理特点与应对

1. 孕期的心理特点
   - 孕期生理变化会引起心理变化。
   - 怀疑与恐惧心理。
   - 生男、生女产生的压力。
   - 家庭对妊娠期的过度重视，同样会使孕妇出现心理改变。
   - 以往不良生育经验的影响。
   - 对先前孩子的思念会带来对腹中孩子的巨大期待。
   - 假性妊娠的心理作用。
2. 如何做到孕期身心保健
   - 积极引导孕妇健康的心理状态。
   - 家庭的和睦、夫妻间的相互理解和支持是孕妇保持良好心理状态的重要条件。
   - 孕妇自身也应进行心理调节，怀孕期间出现的各种生理变化是正常的，要以平常心对待这些变化，保持平和、开朗、活泼的良好心理状态。

产后抑郁症

1. 如何识别产后抑郁症
   - 在分娩后许多女性经历了一些心理上的忧虑。
   - 在产后几个星期内有压抑的感觉，这种变化称为产后抑郁症。
   - 特点：感到焦虑或莫名其妙叫骂；对日常生活失去兴趣；悲观绝望；产生没有价值和内疚的感觉；嗜睡；易躁动；疲劳；注意力不集中；想伤害婴儿等。
   - 有些女性经历产后心理疾病，严重时出现精神不安和幻觉。
2. 影响因素
   - 心理疾病史、先前的压抑、婚姻困难和一些生活事件等。
   - 产后孕激素和雌性激素水平的急剧下降。
   - 社会支持的降低是产后抑郁危险中的重要原因。

流 产

1. 影响流产的因素：
   - 生理因素。
   - 环境（辐射、污染）。
   - 心理压力（紧张、焦虑、恐惧）。
   - 不良的生活习惯（饮食习惯、生活方式等）。
   - 外力的作用。
   - 有过流产史。
   - 胚胎发育不良。
2. 须注意以下几点：
   - 心理别紧张，保持平常心态。
   - 怀孕3个月以上一般不太会流产。
   - 注意休息，不要过度劳累，避免干重活或激烈活动。
   - 怀孕早期尽量避免性生活。
   - 咨询医生口服叶酸。
   - 要能够定期进行孕期检查。
   - 若发生异常现象，必须及时去正规医院妇产科检查治疗。
   - 一定要到正规医院分娩，以避免发生意外。

不 孕

- 不孕是指经过1年的努力仍不能怀孕。
- 不孕的比例随着年龄的增长而增长。
- 女性、男性、双方都有问题的各占三分之一。
- 女性的不孕症包括子宫颈阻塞、不排卵（输卵管堵塞）、子宫内膜异位症。
- 不孕是一种特殊的疾病，会影响患者的心理状态，同时负面的心理状态也影响患者的生育能力及治疗效果。
- 面对不孕，夫妻双方应该充分地沟通，相互支持和理解。尤其是对丈夫来说，要知道不孕不只是妻子的问题，丈夫也需要及时检查和治疗。

重组家庭中的支持与辅导

重建家园要从重组家庭开始

- 家庭的迅速重组对震后社会生活的恢复和稳定起了重要作用。
- 家庭的职能逐步得到恢复，人们的情感也逐渐得到抚慰和满足。
- 家庭作为社会的细胞，它的稳定是整个社会恢复和稳定的基础。

地震后重组家庭的特点

- 突发性。
- 集中性。
- 快速性。

重组家庭的主要原因——为了生存

- 精神上感到孤单需要安慰。
- 经济上需要支持。
- 生活上需要照顾。
- 感情上和生理上需要满足。
- 需要生儿育女，延续后代。
- 老人、子女的支持，亲朋同事的劝说。
- 周围再婚者的带动。
- 同情对方的遭遇。
- 双方因建立了感情而结合。

重组家庭的特殊性

- 婚姻决定比较快速，具有邂逅婚姻的色彩。
- 需要一个感情转移和调适的过程。
- "角色期望"繁多，不易满足。
- 家庭结构特殊。
- 亲子冲突增多。
- 试婚盛行。
- 重组家庭解体的主要原因是：经济纠纷和子女问题；感情转移期过短，不能接受新的感情；突然丧偶，旧情难断，新的生活方式又难以接受等。唐山地震后重组家庭的解体高潮出现在震后第三年。

学会在新的家庭中生活

- 认识到适应新的家庭生活需要时间。
- 尽快投入到多姓氏、多血缘的家庭生活。
- 找准自己的角色，满足其他家庭成员对自己的角色期待。
- 统筹兼顾，协调各种矛盾，互相谦让并相互理解。
- 孕育新的生命。
- 保持积极乐观的生活态度。

关注重组家庭中的女性

- 有关部门解决中年妇女再婚难的问题。
- 重视并预防重组家庭中的家庭暴力。
- 为妇女提供资源，帮助其就业。
- 平衡家庭中男女两性的关系。
- 为妇女建立社会支持网络。

再婚需慎重

- 再婚前，双方应当有一定的恋爱时间并相互了解、相互适应，为婚后的生活打下坚实的感情基础。
- 通过正常途径认识对方，谨防婚姻诈骗，防止二次伤害的发生。

老年人群的心理保护及支持性心理辅导
Psychological Protection and Supportive Psychological Counseling for the Older Adults

老年人支持性心理辅导的模式

一、A.故事 ➡ B.盲点 ➡ C.支点 ➡ 行动

二、A.可能性 ➡ B.议程 ➡ C.承诺 ➡ 导致

三、A.策略 ➡ B.最适宜 ➡ C.计划 ➡ 体现价值

通过这个模式，心理辅导者主要提供的支持包括解释、鼓励、保证、指导和促进环境的改善这五种成分。

开展老年人支持性心理辅导及心理保护的技巧

1. 老年心理卫生工作的有效方法是小组讨论。寻找生活环境和生活条件相同或相似的人群进行辅导。在老年人群中寻找资源，促使老年人相互之间的影响和支持。
2. 给老年人一个积极、正向的理由。例如我们要开展心理辅导工作，老年人群由于自身原因不想参与，我们可以把这个工作解释为"因为有您的参与，可以让我们学习到为老年人提供服务的经验，非常感谢您的帮助"。
3. 在开展工作中，要找到一个老年人关心的切入点。例如如何与孙辈建立良好的关系就是老年人普遍关心的问题，就可以从建立良好的关系不只是娇惯入手，然后进行辅导。良好的祖孙关系是一起参与一些活动，继而让孙辈得到学习和成长。
4. 老年人问题的原因大部分是来自家庭。但老年人基本上认为"家丑不可外扬"。这样就需要我们与老年人建立起信任关系，走进家庭，了解情况，给予支持，在开放的状态下开展家庭辅导工作。
5. 不论用什么方式给老年人以支持，最根本的就是了解。了解本身对老年人就是一种强有力的支持。
6. 为老年人尽可能地提供参与社会活动和文娱活动的机会。建立良好的社会支持系统及提供有效的社会资源对老年人的心理支持具有积极的作用。
7. 开展老年心理卫生工作，最主要的是建议起信任的关系，才可能引导老年人讲出需求，有了问题我们才有解决问题的可能性，才可能提供支持，从而起到心理辅导的作用。

老年人心理保护模式

变环境	改变态度	改变目标和标准	改变优先级	提升其他方面的生活满意度
本策略：	基本策略：	基本策略：	基本策略：	基本策略：
变环境要解决问题	发现到底发生了一些什么，以及这对于你和你的未来究竟意味着什么	设定现实的目标并尝试提高或降低标准。你能想到什么新的目标或标准	重新评估生命中的优先级并强调其中哪些是最重要和可控的	在任何你在意的生活方面提高生活满意度，提升总体幸福感

青少年人群的心理保护
Psychological Protection for Adolescents

阶段	青少年早期（10~13岁）	青少年中期（14~16岁）	青少年晚期（17~24岁）
	● 向青少年期转变 ● 出现青春期特征	● 典型青少年期表现 ● 同龄人影响大	● 向成年期转变 ● 成年角色行为
独立	● 挑战权威、父母等其他成人 ● 不喜欢低童的事情或东西	● 离开父母，喜欢与同龄人交往 ● 开始形成自己的价值观	● 开始寻求更高的学业机会，考虑将来的工作 ● 进入成人生活
认知	● 发现抽象思维困难 ● 寻求更多的可能性与方法 ● 情绪波动大	● 开始发展抽象思维 ● 开始分析潜在可能性并作出反应	● 稳定建立抽象思维 ● 逐渐形成解决问题的能力 ● 解决冲突的能力更强
团体关系	● 与团体中同性别伙伴建立较强的友谊 ● 与团体中异性伙伴交往	● 与同龄人形成忠诚关系 ● 开始尝试吸引同龄人的方法	● 同龄人对其决策与价值观的影响变弱 ● 与同龄人交往时更看重个人间的交往，多于与同龄团体的交往
形象	● 关注身体变化 ● 对外貌苛刻 ● 对月经、遗精、手淫、乳房或阴茎的大小感到焦虑	● 对身体形象的关注减弱 ● 更关注自己是否有吸引力	● 接受身体形象 ● 接受自己的外貌
性	● 发现自己对别人有吸引力 ● 出现手淫 ● 性游戏体验 ● 与同龄人比较身体的发育	● 对性的兴趣增加 ● 性别认同形成出现困惑 ● 出现性亲密行为	● 开始形成真正个人间的亲密关系，成为主要的人际关系，而不是满足于团体关系

信息来源：世界卫生组织基础保健版（ICD-10 第五章）
中澳灾后培训班教材
卫生部灾后心理自救互救工作手册
《女性与社会工作——从实务到政策》

本信息卡版权所有：中国卫生部－联合国人口基金

编者：
马 弘　北京大学精神卫生研究所
程文红　上海交通大学附属精神卫生中心（上海市精神卫生中心）
胡艳红　中华女子学院
冯 杰　中华女子学院
齐小玉　中华女子学院
刘 梦　中华女子学院
杨 萍　中国老年学学会老年心理专业委员会

MOH-UNFPA 汶川震后社会心理支持项目 核心信息卡 –6
Psychosocial Support to Wenchuan Earthquake Survivors Project Core Information Cards

青少年安全性行为宣传
Responsible and safe Sexual Behavior for Adolescents

儿童通常于12岁开始步入青春期，个别可以早到10岁。由于缺乏自身保护能力、青春期的提前到来、婚育时间的推迟以及通过电视网络容易获得各种信息，导致不安全性行为的风险增加。不安全性行为包括：
- 无保护性的性行为（如没有避孕措施）。
- 非自愿性的性行为（性虐待、强奸、乱伦）。
- 多性伴侣等性行为。

不安全性行为的后果

生理方面：
- 意外妊娠：无保护性的性活动会导致意外妊娠，甚至会造成分娩。
- 人工流产：低年龄流产人群的自我保护意识不强，存在流产后不敢休息、不敢告诉家人、预防感染的药物使用少、营养跟不上等。这导致引发炎症的可能性提高，严重的还将导致不孕不育。
- 性传播疾病：增加生殖道感染的可能性，如疱疹、淋病、衣原体感染、梅毒、人类乳头状瘤病毒(HPV，一种与宫颈癌强相关的病毒)感染等。
- 艾滋病：青少年处于性活跃期、性风险期，流动性大，是艾滋病的易感人群。

心理方面：
- 会出现恐惧、焦虑、退缩等情绪。
- 会诱发严重的自卑感，对生活失去信心，甚至会产生自杀的想法。
- 影响学习，甚至厌学。
- 可能会干扰对成年后生活伴侣的选择以及家庭幸福。

倡导：
- 个人：通过正规的渠道获取有关性的知识，学习恋爱交友的知识，为个人的身心健康负责任。
- 家庭：与青少年子女平等地讨论有关性的话题，与遇到性问题和困扰的孩子一起解决问题，学会合理利用外界相关的资源解决孩子的问题。
- 同伴教育：对青少年进行同伴教育，促使其端正对恋爱的态度、推迟第一次性行为发生的时间、预防不安全性行为、倡导安全性行为。年轻人应该有对性关系负责的能力。
- 学校：对不同年龄的青少年学生开展针对性的性健康教育，倡导安全性行为，辅导出现各类性问题和困扰的学生，并及时转诊或转介到相关机构和部门。
- 社区：对社区中的青少年进行健康安全的性行为的讲座、教育和培训，积极制订各项制度和政策，帮助出现性问题和困扰的青少年联系各类资源。
- 社会：倡导健康的生活方式及安全的性行为，为青少年营造一个干净、良好的社会环境。

对青少年进行安全性行为教育

目的——减少危险行为的发生：
- 推迟性行为或避免婚前性行为。
- 避免不安全的性行为。

具体内容包括：
- 从一个人的外表无法判断他是不是HIV感染者，所以不要轻易发生无保护性性行为。
注释：无保护性行为指未坚持每次正确使用安全套的性行为。
- 对他人提出的性活动可以说"不"，许多人都是这样做的。
- 一旦发生性行为，坚持使用高质量的安全套。
- 对不使用安全套的性行为说"不"。
- 保持稳定、单一的性伴侣。
- 避免与多个性伴侣发生不安全的性行为。
- 做好自身防范，预防强奸，尤其是熟人强奸和约会强奸。
- 一旦发生强奸或者不安全的性行为应及时进行身体检查和心理检查。
- 有过性生活的男女两性，应该1年做1次体检；男男性行为者应遵循安全原则，即保持性伴侣专一，并正确使用安全套。

信息来源：中国卫生部—联合国人口基金
编者：何　鸣　杭州市第七人民医院
　　　马　弘　北京大学精神卫生研究所

MOH-UNFPA
川震后社会心理支持项目
核心信息卡 –7
Psychosocial Support to
Wenchuan Earthquake
Survivors Project
Core Information Cards

灾后性别暴力的预防
Prevention of Gender Based Violence Interventions

在不少国家，在复杂的紧急状态和自然灾害情况下基于社会性别的暴力，尤其是性暴力，是一个主要影响妇女和儿童的严重的、威胁生命的问题。由于各种原因，灾后性暴力的报道不多。但是灾难导致的社区破坏、人群移动等原因，使我们必须注意到性暴力的问题。

这个话题对中国有些陌生，但是，所有助人者必须自紧急状态的最初阶段即采取行动，预防性暴力，并为幸存者/受害者提供适当的援助。

情感支持和/或咨询包括保密和富有同情心的聆听；温柔安慰幸存者/受害者，这起事件并不是她/他的过错，对极端的事件有反应是正常的情绪表现。这种支持可以通过家庭成员来有效实施。

并非所有的幸存者/受害者都需要情感支持、心理辅导或帮助其重新融入社会。尽管如此，即便是在紧急情况的早期，也必须提供心理和社会支持。

据联合国机构间常设委员会（IASC）的建议，以下为性别暴力的预防与应对的主要行动：

最基本的预防与应对 （即使在最紧急的情况下也要进行）	综合预防与应对 （稳定阶段）
所有合作伙伴分发和告知行为准则 施保密的投诉制度	
施安全用水/环境卫生项目	持续进行评估，以确定与社会性别有关的水与卫生供应问题 确保水与卫生委员会中有妇女的代表
施食品安全与营养	监督营养水平以确定任何与社会性别有关的食品安全与营养问题
施安全的庇护所和安置点规划 保性别暴力幸存者/受害者得到安全的庇护 施安全的燃料收集策略 妇女和女孩提供卫生用品	持续监督以确定任何与社会性别有关的庇护所和安置点位置与设计的问题
保妇女获得基本的卫生服务 供性暴力相关的卫生服务 供以社区为基础的幸存者/受害者心理和社会支持	扩展为幸存者/受害者提供的医疗及心理保健服务 制订或改善医学－法律的证据收集规则 将性别暴力方面的医疗管理纳入现有的卫生体系、国家政策、规划和课程设置中 组织对医务人员提供持续不断的培训和支持性督导 组织对保健质量的定期评估 支持社区首倡的幸存者/受害者及其子女的支持项目 积极引导男性参与预防性别暴力的活动
保女童、男童获得安全教育	对各类教育活动中的教师、女童和男童进行包括防止性别暴力在内的生活技能培训 在各类教育中建立对性虐待的预防和应对机制

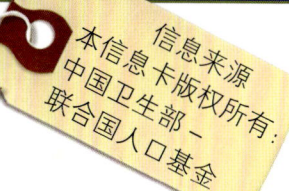

本信息卡版权所有：
中国卫生部 –
联合国人口基金

信息来源：联合国机构间常设机构《人道主义行动中性别暴力干预指南》
"http://www.humanitarianinfo.org/iasc/content/subsidi/tf_gender/gbv.asp" \t "_blank" Guidelines on Gender-Based Violence Interventions - IASC

编者：胡艳红 中华女子学院 马弘 北京大学精神卫生研究所 何鸣 杭州市第七人民医院

MOH-UNFPA
汶川震后社会心理支持项目
核心信息卡 –8
Psychosocial Support to
Wenchuan Earthquake
Survivors Project
Core Information Cards

灾后大众健康教育
Post-Disaster Public Health Education

心肺复苏
Cardiopulmonary Resuscitation（CPR）

准备工作

1. 评估反应(Response，R)：迅速确定现场安全性及患者的反应。轻拍面颊或轻摇双肩，喊"你还好吗？"
2. 启动紧急医疗救护系统(Activate，A)：打电话给120启动紧急医疗救护系统（emergency medical services，EMS）。
3. 摆放患者体位(Position，P)：使患者仰卧于坚硬平坦的平面上，将手臂放于身体两侧。注意整体搬动以防止脊柱损伤。

打开呼吸道（A：Airway）

开放呼吸道的方法
- 压额举颏法。
- 下颚推前法：对存在或疑似有头颈部外伤者用此手法打开呼吸道。

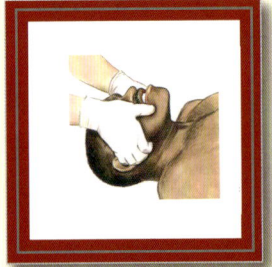
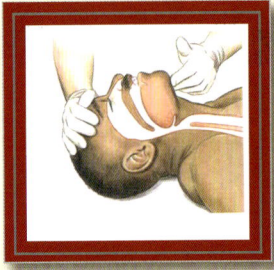

常用复苏药物

给药途径：尽快建立近心端大静脉通道，已行气管插管的可气管内给药。
- 肾上腺素：为首选药。用法：每次1mg（每次0.01～0.02mg／kg）静脉注射，每3～5分钟重复1次。
- 阿托品：用法：心脏停搏和缓慢性无脉电活动时每次1mg，每3～5分钟重复1次。心动过缓时首次0.5mg，必要时5分钟重复1次。
- 血管加压素：常规复苏、除颤并用肾上腺素无效时可用。用法：40U（每次0.8U／kg）加生理盐水20ml稀释后静脉注射，如未恢复自主循环，5分钟后重复1次。
- 胺碘酮：持续心室纤颤或室性心动过速用肾上腺素和除颤无效时建议用胺碘酮。用法：5mg／kg稀释后静脉注射，然后再除颤，2次除颤后仍无效再给半量。
- 利多卡因：现已少用。用法：首剂负荷量50～100mg稀释后静脉推注，继用1～4mg／min（100mg加入液体100ml，15～60滴／分）持续静脉滴注。
- 多巴胺：用于复苏后低血压。用法：5～20μg／(kg·min)（20～40mg加入液体100ml，19～75滴／分）持续静脉滴注。

循环（C：Circulation）

1. 评估：快速检查患者有无呼吸、咳嗽等循环征象。专业医师可触摸颈动脉。
2. 胸部按压

按压部位：胸骨上2/3与下1/3交界处；按压频率为100次／分；体型正常的成年人，将胸骨下压4～5cm。注意：将掌根置于按压部位，长轴方向与胸骨方向一致；将手指伸直或交叉，不紧贴胸部；将肘固定，臂伸直，肩位于手掌上方，垂直平稳下压，按压与抬起时限相同。

单人或双人复苏按压：通气比值均为30：2。气管插管后按压100次／分，通气8～10次／分，可不同步。

3. 再次评估：经过5个按压–通气循环（30：2）后再次评估患者，不超过10秒钟，如无循环征象重新开始心肺复苏，由胸部按压开始，同时准备电除颤及气管插管。

呼吸（B：Breathing）

一、评估：确定无呼吸或呼吸不足
1. 维持呼吸道通畅，将耳朵接近患者的口鼻：
- 观察胸部是否起伏。
- 听是否有空气呼出。
- 感觉空气的流动。

评估过程不应超过10秒。

2. 人工呼吸的方法
- 口对口人工呼吸。
- 口对鼻人工呼吸。
- 口对面罩人工呼吸。
- 球囊—面罩装置人工呼吸。

当只做人工呼吸时，频率为10～12次/分。

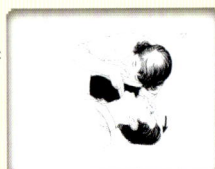

除颤（D：defibrillation）

自动体外除颤仪（automated external defibrillators，AED）的使用
1. AEDs只有在具有以下三种临床表现时应用：没有反应；没有有效的呼吸；没有循环征象。
2. AEDs使用步骤：
- 打开电源
- 贴电极片：将一个放在胸骨上端右侧（右锁骨正下方），另一放在左乳头外侧，其顶端位于腋下4～5cm处。
- 分析心律：不接触患者，自动分析需5～15秒，如发现室性心动过速或心室纤颤会有语音提示，应予电击。
- 按钮：在按下电击钮前，确定无人接触患者。

参考文献：中山大学《基础生命支持》编译组编译. 基础生命支持. 广州：中山大学出版社，2004

急性中毒
Acute Intoxication

诊断要点

> 边问，边查，边救。

1. 病史：仔细的询问似乎多用了一些时间，却可使我们少走弯路，事半功倍。
- 注意：起病情况，是否接触过毒物、药物、有毒的动植物，共同工作、生活、进食的人有无类似发病，患者性格与近日情绪，发病后的诊断和治疗经过。
- 对突发不明原因的吐泻、呼吸困难、青紫、抽搐、昏迷、休克的患者要考虑急性中毒的可能。
- 到现场救治的人员要注意观察环境，寻找收集遗留的毒物、容器、呕吐物及书信等间接证据。

2. 临床表现：迅捷全面体检。
- 首先注意神志、呼吸、血压、心律等生命体征，发现有生命危险时先救命，再兼顾中毒的救治。
- 皮肤的颜色和温湿度、瞳孔、口腔气味、肺部啰音、腹部、肌张力与生理病理反射等常提示毒物种类和中毒程度。

3. 辅助检查与毒物鉴定：有条件时应查，有助于明确诊断。
（1）可根据需要选做血、尿、便常规，血胆碱酯酶活性，血一氧化碳定性，肝、肾功能，X 线检查，心电图等。
（2）除了上述现场标本外，留取首次洗胃抽出物、排泄物及血标本等，以备必要时送上级做毒物鉴定用。

治疗原则

> 立即抢救，严密观察，细心护理。

首先稳定生命指征，中毒的救治遵照以下程序：

1. 终止与毒物接触：将吸入或接触中毒者移至空气新鲜处，脱去污染的衣物，用温水冲洗玷污的体表。
2. 清除胃肠道内尚未吸收的毒物
- 催吐：适用于神志清楚且能合作者，每次饮温水 300～500ml，然后刺激舌根部或咽后壁诱发呕吐，反复做，直至吐出物为清水时止。
- 以下情况禁止催吐：昏迷、抽搐、近期胃肠出血穿孔及手术、妊娠、门静脉高压、摄入腐蚀剂和迅速作用于中枢神经系统的药物者。
- 洗胃：插粗胃管，抽胃内容物（留样）或注气听胃部判定；每次注入温水 200～400ml，再抽尽胃内容物，反复至抽出液清亮，总量 5～10L，注入保护剂、解毒剂、导泻剂等后拔管。服毒 6 小时内者效好。
- 以下情况禁止洗胃：食管静脉曲张、近期胃肠出血穿孔及手术、抽搐、休克、摄入腐蚀剂者，昏迷者应先气管插管再插胃管。
- 导泻：催吐或洗胃后口服或胃管注入硫酸镁或硫酸钠 20～30g。
- 以下情况禁止导泻：摄入腐蚀剂者禁用导泻，肾衰竭或中枢抑制剂中毒者禁用硫酸镁。脱水重者先补液后导泻。

3. 促进已吸收的毒物排出
- 利尿：大量饮水、输液，20%甘露醇 200～250ml 静脉滴注或呋塞米（速尿）20mg 静脉注射，维持尿量 200～300ml/h。注意心、肺、肾的功能。
- 血液净化：进行血液透析和血液灌流。
- 换血疗法。

4. 特异性解毒剂：
- 有机磷（敌敌畏、乐果）：阿托品、胆碱酯酶复能剂（解磷定、氯磷定）。
- 亚硝酸盐：亚甲蓝（美蓝，须用小剂量）。
- 氰化物（苦杏仁）：亚硝酸盐 + 硫代硫酸钠。
- 氟乙酰胺（邱氏鼠药）：乙酰胺（解氟灵）。
- 吗啡、乙醇：纳洛酮。
- 苯二氮䓬类：氟马西尼（安易醒）。

5. 对症支持治疗：
- 对气道梗阻、呼吸抑制、肺水肿、急性心力衰竭、心搏骤停、休克、脑水肿、抽搐、昏迷、急性肾衰竭等立即给予相应的抢救处理。
- 加强护理，注意保持气道通畅和维持呼吸、循环功能，预防感染，维持营养、水电解质及酸碱平衡。
- 自杀者神志恢复后立即对其进行心理干预，病情稳定后必须将其转至精神卫生专科医院诊治，防止其再次自杀。
- 重症者必须住院治疗，注意转诊时机。

精神卫生宣传教育核心信息和知识
2007 MOH Core Information and Knowledge of Mental Health Education

核心信息一：精神健康是健康不可缺少的一部分，没有精神疾病不代表精神健康。每个人不仅需要身体健康，也需要精神健康

- 健康：不仅仅是没有疾病或虚弱，而是一种生理、心理和社会适应的完好状态。
- 精神健康（心理健康）：是指个体能够恰当地评价自己、应对日常生活中的压力、有效率地工作和学习、对家庭和社会有所贡献的一种良好状态。主要包括以下特征：智力正常；情绪稳定、心情愉快；自我意识良好；思维与行为协调统一；人际关系融洽；适应能力良好。
- 精神卫生问题（心理卫生问题）的存在是一种非常普遍的现象，许多人都会存在精神卫生问题，自己可能意识不到。
- 精神疾病（精神障碍）：是指精神活动出现异常，产生精神症状，达到一定的严重程度，并且达到足够的频度或持续时间，使患者的社会生活、个人生活能力受到损害，造成主观痛苦的一种疾病状态。
- 现行的国际疾病诊断分类（ICD-10）将精神疾病分为10大类72小类，近400种。10大类为：
1. 器质性精神障碍：如老年期痴呆。
2. 使用精神活性物质所致的精神和行为障碍：如酒精依赖综合征。
3. 精神分裂症、分裂型障碍和妄想性障碍。
4. 心境（情感）障碍：如抑郁症和躁狂症。
5. 神经症性、应激相关的及躯体形式障碍：如焦虑症。
6. 伴有生理紊乱及躯体因素的行为综合征：如失眠症。
7. 成人人格与行为障碍：如偏执型人格障碍。
8. 精神发育迟滞：即通常所说的智力低下。
9. 心理发育障碍：如儿童孤独症。
10. 通常起病于童年与少年期的行为和情绪障碍：如注意缺陷多动障碍。

核心信息二：精神健康和精神疾病与躯体健康和躯体疾病一样，是由多个相互作用的生物、心理和社会因素决定的

- 影响精神疾病发生的生物学因素包括年龄、性别、遗传、产前产后的发育情况、躯体疾病和成瘾物质等。
- 影响精神疾病发生的心理因素包括人的个性特征、对事物的看法、应对方式和情绪特点等。
- 影响精神疾病发生的社会因素包括生活中的各种大事、意外事件和不良事件、家庭和社会的支持、文化、环境等。
- 生物、心理和社会因素以及它们之间的相互作用影响着人生的各个阶段。各因素之间的良性作用是精神健康的保护因素，反之则是精神疾病发生的危险因素。

核心信息三：每个人在一生中都会遇到各种精神卫生问题，重视和维护自身的精神健康是非常必要的

- 婴幼儿（0～3岁）：常见的精神卫生问题有养育方式不当所带来的心理发育问题，如言语发育不良、交往能力和情绪行为控制差。家长应多与孩子进行情感、语言和身体的交流，培养孩子良好的生活行为习惯，是避免婴幼儿精神卫生问题发生的可行方法。
- 学龄前儿童（4～6岁）：常见的有难以离开家长、与小伙伴相处困难。如处理不好，易发生拒绝上幼儿园以及在小朋友中孤僻、不合群等问题。应鼓励儿童与小伙伴一起游戏、分享情感，培养孩子的独立与合作能力，是避免学龄前儿童精神卫生问题发生的可行方法。
- 学龄儿童（7～12岁）和青少年（13～18岁）：常见的有学习问题（如考试焦虑、学习困难）、人际交往问题（如学校适应不良、逃学）、情绪问题、性心理发展问题、行为问题（如恃强凌弱、自我伤害、鲁莽冒险）、网络成瘾、吸烟、饮酒、接触毒品、过度追星、过度节食、厌食和贪食等。调节学习压力、学会情感交流、增强社会适应能力、培养兴趣爱好是避免学龄儿童和青少年精神卫生问题发生的可行方法。
- 中青年（19～55岁）：常见的有与工作相关的问题，如工作环境适应不良、人际关系紧张、就业和工作压力等带来的问题；与家庭相关的问题，如婚姻危机、家庭关系紧张、子女教育问题。构建良好的人际支持网络、学会主动寻求帮助和张弛有度地生活、发展兴趣爱好是避免中青年精神卫生问题发生的可行方法。
- 中老年（55岁以上）：常见的有退休、与子女关系、空巢、家庭婚姻变故、躯体疾病等带来的适应与情感问题。接受由于年龄增大带来的生理变化、建立新的人际交往圈、多参加社区和社会活动、学习新知识、拓展兴趣爱好是避免中老年精神卫生问题发生的可行方法。
- 各类自然灾害、人为事故、交通意外、暴力事件等，除了直接影响人们的正常生活外，还会引起明显的心理痛苦，严重的可引起精神障碍。认识突发事件带来的心理变化，积极寻求心理支持和救助，是避免突发事件导致的精神卫生问题的可行方法。

核心信息四：我国当前重点防治的精神疾病是精神分裂症、抑郁症、儿童青少年行为障碍和老年期痴呆

● 精神分裂症多起病于青壮年，急性期的主要表现有幻觉、妄想和思维混乱，部分患者转为慢性化病程，表现为思维贫乏、情感淡漠、意志缺乏和回避社会交往，最终可成为精神残疾。

● 抑郁症可发生于各个年龄段，以显著而持久的心境低落、思维迟缓和身体的疲劳衰弱为主要特征，常伴有焦虑和无用、无助、无望感，部分患者可能出现自伤和自杀倾向。抑郁状态下还常出现多种躯体不适，常被误认为躯体疾病。上述主要特征持续2周以上时，应及早就诊。

● 儿童青少年行为障碍包括注意缺陷多动障碍、对立违抗性障碍、品行障碍、抽动障碍和其他行为障碍。其中注意缺陷多动障碍较为常见，发生于6岁以前，表现为明显的注意力集中困难、注意持续时间短暂、活动过度或冲动，因而影响学业和人际关系。

● 老年期痴呆是指老年人出现持续加重的记忆、智能和人格的普遍损害。最常见的是阿尔茨海默病和血管性痴呆。表现为逐渐发生记忆、理解、判断、计算等智能全面减退，工作能力和社会适应能力日益降低，随着病情进展，逐渐生活不能自理。

核心信息六：精神疾病是可以预防和治疗的

● 精神疾病的防治分为三级。
● 一级预防是要增强精神疾病的保护因素，减少危险因素。可采取的措施包括改善营养状况、改善住房条件、增加受教育的机会、减轻经济上的不安全感、培养稳定良好的家庭氛围、加强社区支持网络、减少成瘾物质的危害、防止暴力、进行灾难后心理干预、开展健康教育、发展个人技能等。
● 二级预防是要通过早发现、早诊断、早治疗，控制疾病，降低危害。
● 三级预防是对精神疾病患者进行生活自理能力、社会适应能力和职业技能等方面的训练，以减少残疾和社会功能损害、促进康复、防止疾病复发。

核心信息七：关心、不歧视精神疾病患者，帮助他们回归家庭、社区和社会

● 精神疾病患者和躯体疾病患者一样，也是疾病的受害者，应得到人们的理解和帮助。
● 精神疾病患者的家庭对患者负有照料和监护的责任。
● 社区不应歧视精神疾病患者，要创造条件帮助患者康复。
● 单位和学校应该为康复后的精神疾病患者提供适当的工作和学习条件。
● 精神残疾属于我国六类残疾中的一类，受《中华人民共和国残疾人保障法》的保护。
● 对流浪乞讨人员中有危害他人生命安全或严重影响社会秩序和形象的精神疾病患者，应实施救治。
● 在农村和城市已经开展医疗救助工作或试点工作的地方，符合条件的精神疾病患者可以向民政部门申请医疗救助。

核心信息五：如怀疑有心理行为问题或精神疾病，要及早去医疗机构接受咨询和正规的诊断与治疗

● 怀疑有明显心理行为问题或精神疾病者，要及早去精神专科医院或综合医院的精神科或心理科进行咨询、检查和诊治。
● 如发现家庭成员、邻居、同事、同学等周围人有明显的言语或行为异常，要考虑他/她可能有心理行为问题或精神疾病，应及时劝告其去医疗机构检查。
● 心理行为问题的处理以心理咨询和心理治疗为主，辅以社会支持和药物对症治疗。
● 在精神疾病的治疗方面，目前已有有效的治疗药物以及心理治疗和心理社会康复方法。
● 被确诊患有精神疾病者应及时接受正规治疗，遵照医嘱全程不间断地按时按量服药，以达到最好的效果。不愿意接受治疗、不正确治疗或不规律服药会导致病情延误、难以治愈或复发。
● 通过规范化的治疗，多数患者可以治愈，维持正常的生活、学习和工作能力。

核心信息八：精神卫生工作关系到社会的和谐与发展，促进精神健康和防治精神疾病是全社会的责任

● 根据世界卫生组织《2001年世界卫生报告》估计，全球约有四分之一的人在其一生中会出现精神或行为障碍；在18岁以下的青少年中，五分之一有发育、情感或行为方面的问题，八分之一会出现精神疾病。
● 根据我国浙江、河北两省的流行病学调查，推算全国15岁以上成人精神疾病的总患病率在15%左右。
● 我国精神卫生工作的指导原则是按照"预防为主、防治结合、重点干预、广泛覆盖、依法管理"的工作原则，建立"政府领导、部门合作、社会参与"的工作机制，建立健全精神卫生服务网络，把防治工作重点逐步转移到社区和基层。

信息来源：本信息卡版权所有：中国卫生部－联合国人口基金

信息来源：2007年卫生部下发
《精神卫生宣传教育核心信息和知识要点》
BLS for Healthcare Providers
《农村急诊医学培训教材》

编　者：王瑞儒　北京大学第三医院
　　　　马　弘　北京大学精神卫生研究所